北京市科学技术研究院首都高端智库研究报告

北京建设国际学术交流中心的创新实践

张素娟 著

北京理工大学出版社
BEIJING INSTITUTE OF TECHNOLOGY PRESS

内 容 简 介

本书从北京建设国际科技创新中心和怀柔综合性国家科学中心的现实需要出发，对当前国际大环境、国际学术交流的现状与问题、国内外成功经验以及北京的优势和基础进行了全面的阐述，并从不同维度给出北京建设国际学术交流中心的对策和建议。

本书不仅可供图书、情报、出版、科技管理等业界人士参考阅读，也可为政府部门政策制定者和决策者提供战略指导。

版权专有　侵权必究

图书在版编目（CIP）数据

北京建设国际学术交流中心的创新实践／张素娟著．－－北京：北京理工大学出版社，2022.11
ISBN 978－7－5763－1849－4

Ⅰ．①北… Ⅱ．①张… Ⅲ．①国际交流—学术交流—研究—北京 Ⅳ．①G322.5

中国版本图书馆 CIP 数据核字（2022）第 218887 号

出版发行　／　北京理工大学出版社有限责任公司
社　　址　／　北京市海淀区中关村南大街 5 号
邮　　编　／　100081
电　　话　／　（010）68914775（总编室）
　　　　　　　（010）82562903（教材售后服务热线）
　　　　　　　（010）68944723（其他图书服务热线）
网　　址　／　http：//www.bitpress.com.cn
经　　销　／　全国各地新华书店
印　　刷　／　三河市华骏印务包装有限公司
开　　本　／　710 毫米×1000 毫米　1/16
印　　张　／　12.75　　　　　　　　　　　　　　责任编辑／徐艳君
字　　数　／　207 千字　　　　　　　　　　　　　文案编辑／徐艳君
版　　次　／　2022 年 11 月第 1 版　2022 年 11 月第 1 次印刷　　责任校对／周瑞红
定　　价　／　78.00 元　　　　　　　　　　　　　责任印制／李志强

图书出现印装质量问题，请拨打售后服务热线，本社负责调换

前　言

　　加强国际学术交流可以提高创新自信，增强话语权，从而实现科学理论的引导作用。随着我国逐步走向世界舞台中央，我国学术界必须要从理论争辩、理论解释向理论引导过渡，向全球传达中国声音，同时还要"走出去"与"请进来"，高度重视国际学术交流与互鉴。

　　作为开展全球科技合作的活化剂和黏合剂，国际学术交流可以为世界提供中国智慧和中国方案，为此，习近平总书记一再强调，要通过加强学术交流拓宽人文交流，为造福人类贡献科技力量。在2021中关村论坛视频致贺中，习近平总书记指出，当前，世界百年未有之大变局加速演进，新冠肺炎疫情影响广泛深远，世界经济复苏面临严峻挑战，世界各国更加需要加强科技开放合作，通过科技创新共同探索解决重要全球性问题的途径和方法，共同应对时代挑战，共同促进人类和平与发展的崇高事业。

　　科技部副部长李萌曾表示，将"和北京市一起继续推动中关村论坛往高端化、国际化和前沿化方向发展，为北京打造一个具有国际性的高端科技交流与合作平台"。因此，开展国际学术交流和建设国际学术交流中心将成为"十四五"期间乃至更长时期内我国"强化国家战略科技力量"的重要举措之一。

　　北京建设国际学术交流中心是推进国际科技创新中心和国际交往中心建设的内在要求，是科技硬实力的重要体现。基于以上背景，本书在北京市科学技术协会委托项目"北京建设国际学术交流中心研究"课题的支持下完成。全书共分六章，从北京建设国际学术交流中心的国际环境，国际学术交流的界定、内涵、国内外发展现状与趋势，以及国内外学术交流中心建设的典型案例等方面进行了全面的归纳总结，并对北京的优势和基础进行了深入的调研，最后从不同维度给出北京建设国际学术交流中心的对策和建议。本书首次把国内国际学术交流的发展现状、存在的问题以及发展对策呈现给读者，以期提升我国的国际科技合作和学术交流的水平。

  本书可供图书、情报、出版、科技管理等业界人士参考阅读。书中参考了他人的大量资料，作者对所涉及的相关文献尽量作了标注。本书在写作和出版过程中也得到了编者的领导袁汝兵、胥彦玲和席铁梅的大力支持与帮助，在此一并致以最诚挚的谢意！

  由于国际学术交流和国际学术交流中心建设研究是一个新兴的交叉领域，再加上编者研究能力有限，书中存在疏漏之处在所难免，恳请广大专家、学者和读者批评指正。

张素娟

2022 年 10 月

目 录

第一章 国际学术交流中心建设的理论研究 …………………………………… 1

1.1 国际学术交流的国际环境分析 ……………………………………………… 1

 1.1.1 百年未有之大变局下新一轮科技革命和产业变革加速重塑世界 …………………………………………………………… 1

 1.1.2 中美战略竞争将使美对华高新技术遏制具有长期性和反复性 …………………………………………………………… 3

 1.1.3 全球新型冠状病毒肺炎疫情大流行仍在持续 ………………… 3

 1.1.4 科研人员的国际合作与交流受限，政策创新不足 …………… 4

1.2 国际学术交流的国内环境分析 ……………………………………………… 5

 1.2.1 经济实现跨越式发展 …………………………………………… 5

 1.2.2 科技实力跃上新的台阶 ………………………………………… 5

 1.2.3 "一带一路"倡议为我国参与国际学术交流带来新机遇 …… 6

1.3 国际学术交流的概念、内涵和外延 ………………………………………… 7

 1.3.1 学术交流 ………………………………………………………… 7

 1.3.2 国际学术交流中心 ……………………………………………… 8

 1.3.3 科协组织 ………………………………………………………… 9

1.4 国际学术交流中心建设的可行性和必要性分析 …………………………… 10

 1.4.1 学术交流的意义 ………………………………………………… 10

1.4.2　国际学术交流中心建设的可行性和必要性 …………… 12

第二章　基于文献计量国内外学术交流与科技合作现状、水平和发展趋势 … 16
2.1　国外国际学术交流研究进展 ………………………………… 16
2.2　国内国际学术交流研究进展 ………………………………… 18
2.2.1　论文数量分析 ………………………………………… 18
2.2.2　资助项目分析 ………………………………………… 19
2.2.3　技术主题分布与演化分析 …………………………… 21
2.2.4　关键词分布与演化分析 ……………………………… 22
2.2.5　期刊分布 ……………………………………………… 25
2.2.6　机构论文数量 ………………………………………… 26
2.2.7　作者论文数量 ………………………………………… 27
2.3　国内科技交流与合作研究进展 ……………………………… 28
2.3.1　论文数量分析 ………………………………………… 28
2.3.2　资助项目分析 ………………………………………… 29
2.3.3　关键词分布与演化分析 ……………………………… 29
2.3.4　期刊分布 ……………………………………………… 32
2.3.5　机构合著 ……………………………………………… 32
2.3.6　作者合著与竞争分析 ………………………………… 33

第三章　国内外学术交流现状调研与梳理 …………………………… 36
3.1　国内外学术交流的现状与问题——以科协系统为例 ……… 36
3.1.1　现状 …………………………………………………… 36
3.1.2　问题 …………………………………………………… 41
3.2　国际学术交流的典型案例 …………………………………… 42
3.2.1　北京市科协学术交流"十三五"重点工作回顾 ……… 42
3.2.2　国内外主要国际学术交流活动 ……………………… 47
3.2.3　典型案例 ……………………………………………… 55

第四章　国际学术交流中心典型案例研究 …………………………… 65
4.1　以组织机构和学协会为载体的国际学术交流中心 ………… 65

4.1.1　国外主要的国际学术交流中心 …………………………… 65
　　　4.1.2　国内主要的国际学术交流中心 …………………………… 70
　4.2　以地理位置优势或者功能区域为主的国际学术交流中心 ………… 88
　　　4.2.1　国外主要的科学城或科学中心 …………………………… 88
　　　4.2.2　国内主要的科学城或科学中心 …………………………… 94

第五章　北京建设国际学术交流中心的优劣势对比研究 …………… 103
　5.1　北京作为国际学术交流中心的优势和基础 ………………………… 103
　　　5.1.1　主体优势 ………………………………………………… 103
　　　5.1.2　体系优势 ………………………………………………… 112
　　　5.1.3　依托载体优势 …………………………………………… 118
　　　5.1.4　硬件设施优势 …………………………………………… 125
　5.2　北京建设国际学术交流中心的影响因素分析 ……………………… 129
　　　5.2.1　影响因素分析的理论基础 ……………………………… 129
　　　5.2.2　理论应用 ………………………………………………… 130
　　　5.2.3　资料搜集与整理 ………………………………………… 131
　　　5.2.4　资料分析和影响因素确定 ……………………………… 131
　5.3　北京建设国际学术交流中心的框架 ………………………………… 133

第六章　北京建设国际学术交流中心的对策建议 …………………… 137
　6.1　科协组织及国际学术交流工作 ……………………………………… 137
　　　6.1.1　深化国际学术交流意识，创新国际学术交流工作 ……… 137
　　　6.1.2　提高国际学术交流质量，打造国际顶尖学术论坛品牌 …… 138
　　　6.1.3　创新学术交流机制，以学术共同体推动科技创新
　　　　　　共同体发展 ………………………………………………… 138
　　　6.1.4　借助新媒体，打造国际学术交流新模式 ………………… 139
　　　6.1.5　拓展人才通道，打造国际学术人才增长助推器 ………… 139
　6.2　充分发挥科协组织在北京国际学术交流中心建设中的作用 ……… 140
　　　6.2.1　充分发挥科协组织在国际学术交流中心建设中重要
　　　　　　引领作用 ………………………………………………… 140

  6.2.2 充分调动科技工作者参与国际学术交流中心建设 ………… 140

  6.2.3 发挥科协组织的品牌活动助力北京国际学术交流中心建设
     ………………………………………………………………… 141

  6.2.4 搭建多样化学术交流平台，以平台群推动国际
     学术交流簇 ……………………………………………………… 141

6.3 对策建议 ………………………………………………………………… 142

  6.3.1 筑牢优势，按照首善标准遴选国际学术交流中心依托
     载体 ……………………………………………………………… 142

  6.3.2 补足短板，推进国际学术交流中心建设顶层设计 ………… 143

  6.3.3 经验借鉴，以体制机制创新繁荣国际学术交流 …………… 144

  6.3.4 加强知识产权保护，提升国际学术交流的质量 …………… 144

  6.3.5 加强国际学术交流中心基础设施建设，以会聚才，
     以才促会 ………………………………………………………… 146

  6.3.6 以科学外交推动国际学术交流中心建设 …………………… 147

  6.3.7 提升学术会议的数量、质量，推动创新主体进行充分的
     交流合作 ………………………………………………………… 148

  6.3.8 建立专业化人才队伍 ………………………………………… 149

  6.3.9 加强重点领域和方向的国际学术交流 ……………………… 149

  6.3.10 构建全方位、多元化、高质量的学术交流平台 …………… 150

  6.3.11 建立健全学术交流工作管理制度 …………………………… 151

  6.3.12 建立健全开放式的学术会议体系，构建线上线下结合的
     学术引领模式 ………………………………………………… 151

  6.3.13 充分发挥科技的驱动作用，进一步强化传统媒体和新媒体
     融合的学术传播模式 ………………………………………… 152

参考文献 ……………………………………………………………………… 154

附件1 国际学术交流创新主体汇总 ………………………………………… 159

  A. 北京独角兽企业榜单（截至2022年4月）…………………………… 159

  B. 北京国家级专精特新小巨人企业名单（截至2022年9月）………… 163

C. 北京普通高等院校名单（截至 2022 年 9 月） ………………………… 175

D. 北京市科协所属学会协会名单（截至 2022 年 9 月） ………………… 178

附件 2 "三城一区"产业发展相关政策统计（截至 2022 年 9 月） ………… 183

附件 3 2021 年中关村科技园区主要经济指标 ……………………………… 190

第一章 国际学术交流中心建设的理论研究

1.1 国际学术交流的国际环境分析

1.1.1 百年未有之大变局下新一轮科技革命和产业变革加速重塑世界

当前,新一轮科技革命和产业变革加速推进,新科学技术正在酝酿与突破,影响经济发展的重要科技基础设施不断出现,发生历史性替代,新型商业模式、新型产业不断涌现,科技创新将不断从根本上改善人们的生产、生活条件与社会组织的方式。基于此,重点研究将表现在以下几个方面:

一是将研究与探讨方向向深度和广度扩展,不断产生对物质世界理解与探索上的重大突破。

科技研究领域在从微观到宏观的各个尺度上向纵深化发展,学术交叉与融合不断深入,新理论、新学科不断涌现,科技领域交叉、黏合、渗透达到了前所未有的广度和深度。基础科学的突破将极大地推进人们对自身和自然现象的理解,并彻底改变人们思考的空间维度和时间维度,促使人们把生活和获得物质资源的空间向整个宇宙扩展,对人们未来的社会生活和文明形态产生重大影响。

二是技术创新对人们生产与生活方面都将产生重要影响。

以中国信息化革命为核心,在生物、新能源、新材料等领域的群体性突破,加速推进了新产品、新行业、新模式蓬勃发展。经济与社会发展的科技基础得以全面增强,信息数字化、网络化、智能化已成为变革人们生产生活方式的最基本的技术手段,人们运用电子信息与计算机技术精确控制物质与能源生产的新时代已然来临。人工智能、云计算、移动互联网、物联网等新型技术,可再生能源、非常规能源、传统燃料清洁有效使用等新兴能源技术,以及机器人、无人化工厂、3D打印等先进的生产科技,对产品、制造业产生以智慧、绿色、服务为主要特点的根本改变。新材料技术进行了原创突破和全面升级,生物育种、工程生物技术等新生物科技将改变人口健康水平与人类生存方式。新科学技术应用、新科技成果的加快转化,将促进工业组织生产方式、商业模式的持续创新。基础研究、应用研发、技术创新与工业化的界限将越来越模糊。金融资本和技术的深度融合,促进了知识产权资本化、科技商品化,促进新兴产业的迅速发展。个性化、多样化、定制化的新型消费需求逐渐成为市场主导,企业智能化、小型化、专业化的产业组织新特点也越来越突出。中国大众创新、微创新推动的全民创业活动更加活跃。新科技企业持续催生,企业借助新科技发展的空间越来越宽广。

三是要素在全球的流动加速,创新全球化进程日益深入。

科技、知识、信息、资金、人员等科技资源在世界加快流通,科技人才与科技成果在世界配置。全球技术移民数量快速增长。跨国公司一般在全球范围内都设有研究发展机构,掌握了当今世界上70%的科技转移和80%的技术创新研究成果,其每年研究投资约占全球总科研支出的三分之一以上,其中约三分之一的研究活动在国外开展。世界发展所面对的许多主要共同挑战,如恐怖主义、食品安全、气候变化、防灾减灾、网络安全以及能源安全等全球性问题,已构成了危害全球可持续发展的最主要原因。主要国家共同组织一系列国际大科学计划和大科学工程,协调各方面力量应对全球性挑战。

在新的科技革命和产业变革的推动下,全球创新竞争格局发生深度调整。一是全球技术创新版图重心正逐步东移;二是开放式技术创新正在深入发展,并呈现主导多元、市场导向、自下而上的态势,创新生态成为竞争的关键;三是科学全球化持续,但技术全球化面临新技术竞争的挑战;四是科技创新受国际治理体系的影响在加剧,国际市场公平竞争发展趋势对新兴国家参与全球创新体系提出更高的要求。

从总体上看,新一轮技术革命和工业转型加快实施是高质量经济发展的重要战略时机。人类发展史上科技领域的每一次革命性突破,往往会带来社会生产力、生产关系和国际布局上的重要调整。能够把握和引导技术革命大势的国家,将会顺利走向更高层次的技术发展阶段并成为全球秩序的主导力量。由此可见,新一轮的技术革命和产业变革将为中国推进技术高质量发展开拓巨大的新空间,中国决不能再重蹈人类历史上与世界技术革命失之交臂的覆辙,要在世界技术竞争中占据先机,为高质量发展抢占"桥头堡"和"制高点"。对于中国技术创新能力来说,新一轮的技术革命和产业变革将提升中国技术创造全球化的内在力量,拓宽全球化渠道,加大全球科技创新力量的集聚,引发全球科技创新生态的深刻变革。人类面临越来越多的共同挑战，如人口老龄化、粮食安全、气候变化、能源危机、核能安全与开发、网络安全、重大疾病防治、科技与伦理道德冲突等，都亟须通过国际合作来共同应对，不合作必然制约技术进步和国家发展。伴随着新一轮技术革命提速，大量新兴技术体系趋于复杂化，研发和应用的不确定性剧增，社会认知缺失，从而进一步强化了新技术国际协作的内在动力。

1.1.2 中美战略竞争将使美对华高新技术遏制具有长期性和反复性

放眼世界，全球经济竞争格局已经步入了激烈的重构时期，环境保护主义抬头，逆全球化思潮汹涌，部分西方国家对我国高新技术领域进行封锁打压，人为地拉起国家间技术铁幕，我国国际科技合作严重受阻。当前，中美竞争已成为全球大环境的主线，中美关系也步入了平视亮剑、能力竞争、策略博弈的崭新阶段。同时，全球多边体系改革的前景也很不确定，自由、公平、包容三种治理观正在展开一场大博弈。

中美关系从竞争合作转向战略竞争，美以竞争之名行遏制之实：2021年6月8日，美国国会参议院通过了《2021年美国创新与竞争法》，强调美国政府利用战略、经济、外事、技术等手段和中国进行竞争，以"对抗"中国日益增长的全球影响力。《2021年美国创新与竞争法》以《无尽前沿法案》为母本，将《2021年战略竞争法案》《2021年迎接中国挑战法案》等关联立法作为修正案加入其中，内容包含了遏制中国经济和科技的竞争、国际联盟外交事务、航天、智能芯片和5G无线、美国制造业采购、安全和人工智能、无人机、生物医学研发等众多话题。

1.1.3 全球新型冠状病毒肺炎疫情大流行仍在持续

受到世界新型冠状病毒肺炎疫情的影响，产业结构、人类生存方法以及价值观认知等都将产生不同程度的变化，学习与交流将成为促进全球协作与沟通的最主要手段，其方向与模式将相应改变。由于社会、人文、民族、地理、经济发展水平和发展模式上的巨大差异，在面对人类共同的公共卫生安全威胁时，各国和区域之间所表现的态度和采取的防控措施存在巨大的差异。开展疫情防控国际科学合作、分享科研成果与经验，争取在最短时间内集中全球合作力量共同解决全球公共卫生安全威胁，加强国家和地区之间的团结与合作尤为重要。

1.1.4 科研人员的国际合作与交流受限，政策创新不足

技术驱动，实质上是人才驱动。习近平总书记指出，"我国拥有数量众多的科技工作者、规模庞大的研发投入，初步具备了在一些领域同国际先进水平同台竞技的条件，关键是要改善科技创新生态，激发创新创造活力，给广大科学家和科技工作者搭建施展才华的舞台，让科技创新成果源源不断涌现出来。"

中美科学技术、人才脱钩已经形成了美国政府对华政策的基本导向。而这本身便是一种政治学考量，即美国政府将在与我国的科学技术脱钩后，协同经济、政治、军事和人文诸手段，综合控制我国的经济发展。正如美国战略与国际问题研究中心（CSIS）所报道的，"科学技术产品供应链控制正作为达到经济政治发展目标的主要砝码和工具"。美国出于国家利益的需求，"即便支付较昂贵的付出代价，中美之间在科学技术上适当程度的脱钩"也是必然的。为贯彻美国政府以脱钩为基本导向的科学技术政策，美国政府的对华科学技术政策内容由单点对中国高新技术公司的封锁遏制，逐步拓展至包括科学技术控制、技术交流遏制、人才限制等多种手段的组合，并逐步在科学技术政策设定上实施精准化，目的就是切断我国高新技术特别是前沿科技的研发根基、成长空间以及国际交流与合作的渠道。

科技人才的全球流动不是由个人和单个国家决定的，它深受国际竞争合作关系、全球化格局的影响。目前，人才流动集中在少数国家，多元、多边人才工作布局还未形成。我国年轻学者主要流向美国，引进高层次人才也以美国为主。据统计，68%"千人计划"、48%"百人计划"、52%"长江学者"的入选者来自美国。我国在全球顶级科研人才、团队和成果方面处于短缺状态。2020年，北京在国际科技奖项中共有12人次获奖，仅占全球的2.9%，而美国高达186人次。"十三五"时期北京在诺贝尔、图灵等国际科技奖项中均未入围。2020年，旧金山湾区、纽约、巴黎等地区的25岁以上常住人口中本科及以上学历人数占比分别为49%、41%和45%，而北京为31%。因此，亟须规避中美科技、人才脱钩带来的巨大风险。受中美间国际贸易摩擦、新冠肺炎疫情、新技术革命等各种因素的影响，资本主义全球化格局正处于解体、重建的关键阶段，世界科技人员流动也出现了新趋势、新特征，此时亟须重新思考我国吸引国际一流科技人才面临的新机遇、新挑战，进而提出全方位吸引国际一流科技人才工作的新思路、新对策。

1.2 国际学术交流的国内环境分析

1.2.1 经济实现跨越式发展

"十三五"时期，我国经济保持较快增长速度。2016 年至 2018 年，我国经济总量相继突破 70 万亿元、80 万亿元、90 万亿元大关。2020 年我国成为全球唯一实现经济正增长的主要经济体，国内生产总值历史上首次突破 100 万亿元，再次展现了我国经济的强劲韧性。"十三五"期间，我国经济总量稳居世界第二位。与此同时，人均 GDP 已连续两年超过 1 万美元，稳居中等偏上收入国家行列。可以说，我国经济社会发展已经取得了全方位、开创性历史成就，发生了深层次、根本性历史变革。

1.2.2 科技实力跃上新的台阶

2012 年以来，我国重视科技创新型管理，坚持让技术创新成为推动发展的第一力量，科技事业因此获得了历史性成果，发生了历史性转型。我们比以往任何时期都更有信心、更有能力实现科技自立自强。

一是在基础研发与核心技术突破方面继续实现重要技术创新突破，重要技术创新成果竞相出现。

在量子计算机信息、集成电路、人工智能、生命健康、空天技术、深地深海等前沿领域一大批重要原创实现，"嫦娥"顺利登月并采样回国，"天问一号"火星探测器顺利升空，北斗导航全球组网，"华龙一号"全球首堆并网成功，一系列重要的工程科技成就捷报频传。科学技术和社会经济融合、健康、快速发展的广度和深度进一步扩大，重要领域的重要技术创新突破，支撑并引领国民经济高质量、快速、健康发展获得了新进展。同样，中国的创新型国家建设工程也获得了重要进步。世界知识产权组织公布的世界创新指数表明，中国排名将由 2015 年的第 29 位跃升至 2020 年的第 14 位，并成为榜单上前 30 名中唯一的中等收入经济体，科技创新引领高质量发展的第一动力作用更加强劲。中国科研能力正在从量的累积走向质的跨越，从点的突破走向体系能力提高。

二是科技研发投入持续增加。

"十三五"期间，我国研发经费支出从 1.42 万亿元增长到 2.21 万亿元，研发投入强度从 2.06% 增长到 2.23%，基础研究经费增长近一倍，研发支出占全球比重居全球第二位，科研人员在全球总量中的比重居全球第一位，国际科技论文占全球比重居全球第二位。科技成果不断涌现，科技创新能力量质齐升，创新型国家发展获得重要进步，建立了更加合理化、多元化、多层次的科技力量布局。

三是科技体制改革持续推进，科学技术创造活力持续提升。

我国科技体制改革全面发力、多点突破、纵深发展，机构改革的主导框架基本形成，重大规划项目管理、成果转移、科研数据共享、评估奖励、经费分配管理等方面的改革都取得了实质进步。我国科学技术人才队伍结构更加优化，一大批领军人才和创新型团队加速涌现，科学技术创造活力进一步被激活。我国已主动进入了世界科学技术创新网络，并逐渐成为世界科学技术版图中关键的一极。在国际大科学计划和大科学工程稳步推进的形势下，我国全方位、深层次、广领域的国际科学开放协作格局已基本建立，同时，国外与我国的全球科技交流合作也出现了新形势。我国积极参与国际科学大工程，民间科技交流也十分活跃，科学工作者加入了成千上万个国外学术团体，并在其中的影响力越来越大。

1.2.3 "一带一路"倡议为我国参与国际学术交流带来新机遇

自 2013 年习近平总书记提出"一带一路"倡议以来，沿途各国（区域）学术交流现已成为"一带一路"建设的重要组成部分，可以说共建"一带一路"大大地推进了沿途各国（区域）高新技术的快速蓬勃发展，为深入推进沿途各国（区域）技术协作开启了机会之门。从技术协作出发，中国相关政府部门和中小企业积极组织沿途各国（区域）一起探索技术研究，应对各种经济快速发展中的重要技术挑战和社会问题，获得了"一带一路"沿途各国（区域）的广泛支持与较高认可。以技术协作为先导，高效地推进了中国优秀资源向外投资和高新技术成果的转化，推进了沿途各国（区域）新兴市场经济的迅速蓬勃发展，进而推进了其经济可持续健康发展的全方位提升。通过技术协作和培训，知识界与科技领域的高效交流，已然推动了各阶层、全社会性的"人心互通"。在"一带一路"建设合作中，中国技术的导向、保障、服务等功能更加突出，全球学术交流的能力与积极性明显提高，中国与沿途各国（区域）的交流协作越来越成为将全球技术协作和开放与创新高效连接的典范。

在全球信息化与网络等深入兴起的大背景下，"一带一路"沿途各国（地区）有力推动科学技术协同，围绕着"一带一路"建设工程进行的科学技术协同与科研交流活动，也迎来了有利机会。一是行业经济发展与产业转型的新机会。经过长期技术协作与学术交流，中国所积累的大批前沿科学技术成果能够有效传递到"一带一路"沿途各国（地区），既促进了沿途各国（地区）的工业提升与民生进步，也能在一定程度上缓解中国的产能过剩问题。二是共同进行沿线国家重大工程科技攻关的新机会。中国和"一带一路"沿线国家的经济发展条件和社会发展要求具有许多共同点，在人口、健康、国家安全等诸多领域中都存在着共同挑战，因此迫切需要就增进合作和学术交流问题开展深入研究与联合攻关。

1.3 国际学术交流的概念、内涵和外延

1.3.1 学术交流

目前，最被社会大众所认可的学术交流概念是波格曼提出的：任何领域，学者通过正式和非正式渠道使用和传播信息。美国雪城大学信息大学的秦健认为，学术交流是一个包含很多内容的概念，主要是指知识的创造、转换、传播及保存。学术交流并不仅指把学术研究结果交换与传递出去这一项简单的动作，还涵盖了学术写作、学术同行评价、学术研究结果的发表与出版、学术结果交换与传递这一全面的工作流程。按照米哈依洛夫的科学交流学说，学术交流又包括了正式学术交流和非正式的学术交流。正式学术交流是需要通过一定的正式出版物来进行交流传播，因此是一种间接交流。而非正式的学术交流则是指学术创作者通过"面对面"，包括学术论坛、微博、微信公众号等，直接把信息传达给学术利用者，学术创作者因此能够更有效地和学术利用者进行交流与互动，速度快，效率高，因此是一种直接交流。

1. 百科定义

学术交流是指针对规定的课题，由相关专业的研究者、学习者参加，为了交流知识、经验、成果，共同分析讨论解决问题的办法而进行的探讨、论证、研究活动。学术交流可通过讲座、商讨、展览、试验、公布结果等方法开展。学术交流即科学信息交换，其终极目的就是让科学信息、思维、观念进行交换与互动。学术交流的最终落脚点在创新学术思想与科研创造理论上，激励（激活、激

发)、启迪是其最根本的意义。也就是说，学术交流是一次灵魂的交流，是一次思想火花的碰撞。

因此，我们将学术交流界定为一个非正式的学术交流，是学术创造者通过"面对面"的方式进行的一种直接交流。学术交流是一个广义概念，不仅包括学术论坛和学术报告，还包括成果发布、成果对接、项目路演、科学传播、各种科技创新大赛、创新文化等学术交流的衍生品。学术交流的内容不仅包括自然科学领域，还应包括哲学和社会科学领域，其内容模式普遍采用专题式、学会式、交叉式等。

2. 国际学术交流的分类

学术交流从交流的范围上可以分为国内和国外两种，国外又分为多边和双边交流两种；从组织机构上，学术交流可以分为官方力量主导的国际学术交流（金砖论坛、G20峰会、G8峰会）、民间力量为主的国际学术交流（如国际空间研究委员会）和半官半民性质的国际学术交流（如在华活动的国际非政府组织）。以科协、学会为主导的大多为民间力量型国际学术交流，由于民间力量型科技合作具有政治色彩少、学术交流气氛浓、稳定性强、交流方便、灵活等特征，因此在国际学术交流中占主导地位。从平台搭载上，学术交流可以分为线上和线下两种，线下形式包括学术交流会议、论坛、展览、活动、项目路演、成果发布、年会等，线上形式主要是利用互联网和全媒体等新载体进行学术交流活动。

1.3.2 国际学术交流中心

北京在知名学府、创新型企业和科技工作者拥有量上均居全国首位，跨学科、跨领域、跨境学术交流多，学术成果转化有基础，学术交流体制机制灵活，资源丰富，这些体系优势使北京成为国际学术交流中心。而本书所指的国际学术交流中心是一个虚拟体，建设目的是促进高质量的国际学术交流活动融合发展，繁荣我国的学术交流活动，提升我国的科技实力和国际话语权，推动人类命运共同体发挥力量。基于此，北京既可以借助地理位置优势建设国际学术交流中心，又不局限在地理位置上，并且数量不是一个，而是可以依据新的评价体系筛选出数个具有北京特色和首善标准的国际学术交流中心。

国际学术交流中心基于多样性、分布式、专业化、开放式、交叉型的国际科学技术传播活动过程，需要立足于国际学术交流的内涵、形态等，并按照国家战略发展和科学技术创新的需要在分行业领域内建立。

1.3.3 科协组织

科协组织是专家学者进行理论研究、专题研究、科研创新等各种研究内容的思想观点互动的活动组织，科协组织学术交流是基于科协组织这一重要组织载体建立的重要活动形式，对推动社会发展和科学技术水平有巨大的影响力。

科协组织的学术交流形式一般分为学术会议、合作攻关、技术咨询等集会学术交流形式，以及通过专业报纸、网络等媒介学术交流形式。目前科协组织的学术交流已呈现以下发展趋势：一是学术交流活动日益频繁，学术活动高端化；二是学术环境向好，组织管理创新化；三是学科多元交叉，学术交流平台化；四是学术论文质量提高，交流成果精品化。

科协组织作为中国政府联络国际科技工作者的重要桥梁与纽带，是国际技术创新、学术交流中心建设中承上启下、不可缺失的"黏合层"，具有不可替代的独特作用。

1. 科协组织在扩大国际朋友圈、传播人类命运共同体理念方面具有独特优势

"科学普遍性原则""非歧视原则""科学无国界、交流无障碍、合作无歧视"是全球通行的价值理念。科协组织在推动国内外科研人员形成价值共鸣，增进互信协作，促进世界各国间的民间文化交往、科学技术协作、学术交流，拓展海外朋友圈、深植民间友谊、传播人类命运共同体理念、服务我国总体外交大局等方面有着得天独厚的资源优势。2021年疫情期间，中国科协所属全国学会与国际242个学会互致问候，联合开展交流研讨，保持密切联系沟通，就是推动国家间科技交流合作、扩大我国科技力量国际影响力的重要体现。

2. 科协组织在组织开展国际科技活动、贡献科技治理方案方面将发挥重要作用

近年来，科协组织在全球科技活动中的影响越来越重要。科协组织通过推动或开展全球大科学计划、制定有关的全球科技交流准则和全球科学技术规范、举办国际重大学术交流活动并授予影响力较大的国际大奖等活动，逐渐成为现代科技发展的重要引领者、科技改革的主要推手，为全球科技治理贡献中国思想、中国道路和中国方案。

3. 科协组织在服务民间科技外交合作、促进中外人文交流方面具有良好基础

国际民间科技外交总体上受各国政府直接管制较少，具有领域广、层次多、弹性大等特点。西方国家科技组织具有相对独立性，在目前的特殊时期也可以保持稳定。我国各级科协组织应大力加强与国外科技组织的民间合作交流，与官方

交流相辅相成，形成刚柔相济的科技交流格局。例如，近年来中国科协已有 149 个全国学会加入 367 个国际组织，359 人在国际组织担任执委以上的职务，这大大推动了我国与世界各国间的科技合作和学术交流。

4. 科协组织在争取国际科技界共识、推进建设世界科技强国和构建人类命运共同体方面将提供有力支撑

国际科技组织是国际科技治理的主要平台。例如美国电气和电子工程师学会、美国化学会等主办的科技期刊、学术会议已在学术评价、人才认定、文献数据等方面获得压倒性优势地位，在领域内拥有巨大的话语权甚至垄断优势。我国科协组织引领中国科学家参与国际科技组织工作，符合国际通行规则，可以在"主舞台"搭建科技合作信任网络，争取国际科技界共识，有效化解中美"科技脱钩"风险，为推进建设世界科技强国和构建人类命运共同体提供有力支撑。

1.4　国际学术交流中心建设的可行性和必要性分析

1.4.1　学术交流的意义

1. 学术交流有利于激发科学研究灵感，形成学术共同体，促进科技人才的培养

习近平总书记在科学家座谈会上强调，实现科技创新发展，关键是要改善科技创新生态，激发创新创造活力，给广大科学家和科技工作者搭建施展才华的舞台，让科技创新成果源源不断涌现出来。而国际学术交流则是科研创新思维的沃土，是启迪科学灵感的"缪斯"，是政府开展科研工作、启发科研思维、激发创新思维、推动学术发展、推动科学技术进步与发展的必不可少的重要形式。

纵观人类科学技术发展史可以发现，重大的发明、创造都不是闭门造车，都离不开思想的交流与碰撞。学术交流可以有效启迪科学家们的思维，激发其创造力，所以，学术交流堪称"集体大脑"，是突发灵感的"点火器"，是科学新理论、新思想的"摇篮"，是科技原始创新的源头之一。学术交流可以大大促使创新思想竞相迸发，形成"奥林匹克效应"，或达到我国科学学家赵红州提出的"科学家智力集团效应"。国际学术交流更有利于营造科技创新型的人才环境。"人力资本既是社会第一位重要资源，更是技术创新实践中最活跃、最为主动的原因。"因此，学术交流有利于人才的培养，是科技人才培养的摇篮。

2. 学术交流有利于推动科技创新，领跑第四次科技革命的无人区，夯实我国建设世界科技强国的硬实力

学术交流是推动科技创新的催化剂和助推力。实现中华民族伟大复兴比以往任何时期都更迫切需要科技强国战略的支撑。没有科技实力的硬拳头，就没有世界科技强国。我国要富强，要振兴，就必须大力发展科学技术，争取让我国成为全球的主要科学中心和创新高地。作为全球主要科学中心和创新高地，没有学术交流的支撑是不可能建成的。只有搭建好学术交流平台，拓宽学术交流领域，提高学术交流质量，才能够跟踪世界前沿，把握我国发展优势，在创新驱动战略方面形成比较优势，在人才队伍培养上既吹响"冲锋号"，又吹响"集结号"，形成协同效应，勇攀科技发展高峰，建设世界科技强国。

目前，我国科学技术研究领域仍面临着一系列亟须破解的重要困难问题，这些都制约着科技创新的发展，如基础科学研究短板依然突出、科技人才发展工作机制不健全、科技管理体制不完善。如果说科技创新是当前制约我国发展的"阿喀琉斯之踵"，那么学术交流等软环境的建设则是"短板"中的"短板"。补足基础科学研究的短板，就必须发挥学术交流对科研创造的关键作用，借助学术交流等手段、途径，走好我国特色社会主义自主创新道路，"站在巨人肩膀上"，自立更生，以时不我待的精神，快马加鞭，体现重视学术交流是科技强国题中之义的宗旨。

3. 学术交流有利于增强自信，提高我国国际话语权，为世界贡献中国智慧和中国方案，提升我国建设世界科技强国的软实力

加强国际学术交流可以提高创新自信，增强话语权，从而实现科学理论的引领作用。随着我国逐步走向世界舞台中央，我国学术界必须从理论争辩、理论解释向理论引导过渡，向全球传达中国声音，同时还需要"走出去"与"请进来"，高度重视国际学术交流与互鉴。

世界科技强国的硬实力与软实力是相互作用、相互促进的，增强学术交流是为世界提供中国智慧和中国方案的现实需要。为此，习近平总书记多次强调，要通过加强学术交流拓宽人文交流，为造福人类贡献科技力量。在2019年写给第二届世界顶尖科学家论坛（2019）的贺信中，他特别强调："中国高度重视科技前沿领域发展，致力于推动全球科技创新协作。中国将以更加开放的态度加强国际科技交流，依托世界顶尖科学家论坛等平台，推动中外科学家思想智慧和研究成果转化为经济社会发展的强大动力。"北京加强与海外学术交流活动，可以让北京更多的科研人员走向全球学术组织，从而增加北京的话语权。

4. 北京国际学术交流中心建设对推进北京四个中心建设具有更根本、更基础的支撑作用

党的十九届五中全会通过的《中共中央关于制定国民经济和社会发展第十四个五年规划和二〇三五年远景目标的建议》中提出："建设综合性国家科学中心和区域性创新高地，支持北京、上海、粤港澳大湾区形成国际科技创新中心。构建国家科研论文和科技信息高端交流平台。"中科院文献情报中心积极响应，依托中国科学院大学，着眼国家战略需求，建设国家高端学术交流平台。《北京加强全国科技创新中心建设总体方案》明确要求学术交流为国际科技创新中心建设提供科学家智力集团，引领北京全国科技创新中心建设。《全民科学素质行动规划纲要（2021—2035年）》中提出，要扩大开放合作，开展更大范围、更高水平、更加紧密的科学素质国际交流，实施"科学素质国际交流合作工程"。

2020年北京在全球科技创新中心中位列第五，在全球科技集群排名中位列第四，具有全球影响力的北京科技创新中心初步形成。北京具有在知名学府、创新型企业和科技工作者拥有量上均居全国首位的主体优势，跨学科、跨领域、跨境学术交流多，学术成果转化有基础，学术交流体制机制灵活，所以，北京既有条件、有基础，也有责任建设好全球学术交流中心，为我国迈入创新型大国行列贡献力量。北京的科技发展要实现自主创新，就要主动作为、积极布局，打造国际学术交流中心，利用好国际国内创新资源，跨学科、跨领域、跨国界开展多层次、多形式的高端学术交流，营造与北京四个中心建设相称的浓厚学术氛围。

1.4.2 国际学术交流中心建设的可行性和必要性

1. 可行性

北京作为全国的政治中心、文化中心、国际交往中心、科技创新中心，在知名学府、创新型企业和科技工作者拥有量上都位居我国首位，可以为开展跨学科、跨领域，乃至跨境学术交流提供重要支撑。加之作为中国首都，北京的地位、地理位置优越，在此举办的国际性学术会议较多，学术交流的形式多样化、专业领域多维、研究群体丰富、国际互动范围广泛、体制机制的灵活趋势突出，因而产生了如第三届北京国际综合性科学中心研讨、中关村论坛、服贸会、"创新北京"国际论坛、北京国际城市科学节联盟和"纳米药物国际学术会议"等一系列国际化学术交流品牌，吸引凝聚海外科技人才。同时，"北京地区广受关

注学术成果系列报告会"等学术交流品牌活动走出中国,不断提升了北京学术交流的国际影响力和话语权。国际综合性科学技术中心研讨会已成为国际科学家的盛宴、科技交流协作的平台、重要国际交流的门户。这些都进一步提升了北京建设"世界一流"科学城的国际影响力。

在新形势下,单纯利用政府之间技术协作和交流已不能充分实现和保障大国共同利益,于是扩大民间国外科技交流成为我国科技界积极参与世界管理和增强全球话语权的主要方法。从现代城市建设的视角出发,大力开展民间国外学习交流活动,是北京实现"国际交往中心"和"科技创新中心"的现代城市功能定位的重要因素。北京市科学技术协会(以下简称"北京市科协")作为北京地区科学技术工作者的群众组织,是中国共产党北京市委员会领导下的人民团体,是党和政府联系科学技术工作者的桥梁和纽带,是推动科学技术事业发展的关键力量。因此,在社会主义新时期,开展国际学术交流和国际学术交流中心建设对于北京市科协来说非常重要。

2. 必要性

首先,"十四五"时期以及"国内国际双循环"格局下,国际学术交流中心建设具有重要作用。

党的十九届五中会议明确提出了"加速形成以国内外大循环为重要主体、境内全球双循环系统互补的新经济社会发展布局"的重要战略部署,这也是新经济社会发展建设阶段掌握经济主动性的"先手棋",是夺取经济发展新胜利的"关键招"。处在"两个一百年"伟大斗争发展目标的新历史交会时期,我们要面对未来,积极落实国家新的战略,坚定不移地推进变革、加大对外开放、推动创新,牢牢抓住中国百年未有之重大变局所提供的战略机遇,加速形成国家新型经济发展格局,全面推动社会主义现代化国家建设,向第二个百年新历史交会阶段迈进。一方面,必须坚持以国内大循环为主体,形成创新发展格局;另一方面,必须坚持国内国际双循环相互促进。而开展国际学术交流和学术交流中心建设在畅通循环中发挥着重要作用。

科技创新领域最理想的国际循环,应该是全世界参与的、公平公开的大循环,这也是与世界科学创新共同体未来合作的大趋势,是谋求人类可持续福祉的自然选择。

《北京市"十四五"时期国际科技创新中心建设规划》中特别提出:"打造全球科学思想和创新文化荟萃地。高水平办好中关村论坛、北京国际学术交流季、中意创新周、全球能源转型高层论坛等科技交流活动，打造品牌化国际交流平台。支持举办多层次国际科学会议、国际综合性科学中心研讨会、重点领域全球性高端峰会等国际会议，邀请国际知名高校院所、企业及机构，开展高层次国际学术交流活动。"

  国际学术交流作为开展全球科技合作的活化剂和黏合剂，在构建新格局中发挥重要作用。"高端交流平台"是国家创新体系的重要组成，是科技创新软实力的"硬指标"。因此开展国际学术交流和建设国际学术交流中心将成为"十四五"期间乃至更长时期内我国"强化国家战略科技力量"的重要举措之一。立足"两个大局"，在开放科学、开放创新和深度信息化的大趋势下，在新一轮科技革命和产业变革深入发展的大背景下，从我国建设科技强国战略视角看，建设"国际高端学术交流中心"就是属于"国之大者"的"头等大事"。

  其次，增强国际学术交流是为世界提供中国智慧和中国方案的现实需要。

  习近平总书记在 2020 年 9 月 11 日举办的世界科学家座谈会上的重要讲话中提道：国际科技合作是大趋势。我们要更加主动地融入全球创新网络，在开放合作中提升自身科技创新能力。一方面，要坚持把自己的事情办好，持续提升科技自主创新能力，在一些优势领域打造"长板"，夯实国际合作基础。另一方面，要以更加开放的思维和举措推进国际科技交流合作。在当前形势下，要更加务实推动全球疫病防治合作和公共卫生领域的全球科学技术协作。要进一步开放在中国境内设立的国外科学机构、外派科研人员到中国科技学术机构工作，让中国成为与世界科学开放协作的巨大舞台。

  习近平总书记一再强调，要通过加强学术交流拓宽人文交流，为造福人类贡献科技力量。习近平总书记指出，当前，世界百年未有之大变局加速演进，新冠肺炎疫情影响广泛深远，世界经济复苏面临严峻挑战，世界各国更加需要加强科技开放合作，通过科技创新共同探索解决重要全球性问题的途径和方法，共同应对时代挑战，共同促进人类和平与发展的崇高事业。习近平总书记强调，当今世界，发展科学技术必须具有全球视野，把握时代脉搏，紧扣人类生产生活提出的新要求。中国高度重视科技创新，致力于推动全球科技创新协作，将以更加开放的态度加强国际科技交流，积极参与全球创新网络，共同推进基础研究，推动科技成果转化，培育经济发展新动能，加强知识产权保护，营造一流创新生态，塑造科技向善理念，完善全球科技治理，更好增进人类福祉。

  2021 年 1 月，科技部副部长李萌曾对外表示，将"和北京市一起继续推动中关村论坛往高端化、国际化和前沿化方向发展，为北京打造一个具有国际性的高端科技交流与合作平台"。

当前，全球经济技术与全球竞争形势比以往任何时期变化都更为剧烈，全球经济合作与全球竞争形势也发生着巨大转变，世界治理体制与规则也不断迎来重要调整；北京市已被赋予"四个中心"城市功能定位，尤其是建设"国际交往中心"与"科技创新中心"被正式提上议事日程。在这一系列的变革中，首都科技类社会组织被赋予了更为重要的使命。

因此，北京市科协应从深化国际学术交流意识、提高质量、创新机制、打造新模式、广纳人才等方面提升国际学术交流工作，为北京市国际学术交流锦上添花。北京市科协在利用全球的学术交流资源、人员、平台等方面都有着自身优势，要提高学术交流水平与全球协作意识，坚持"学术引领、专业先行、问题导向"，主动扛起建设国际学术交流中心的大旗，并将之作为一项重要工作任务，以创新精神引领创新能力，在顶层设计、改革保障等方面实现上下联动，统筹运用学协会资源开展国际学术交流中心建设工作。

第二章 基于文献计量国内外学术交流与科技合作现状、水平和发展趋势

2.1 国外国际学术交流研究进展

国外的学术交流中心建设起步较早，美国、欧洲、日本等一些国家近些年来先后进行了积极的尝试并且取得了一定的成果。如，当今世界上最大的国际学术交流与资助组织德国学术交流中心（DAAD），成立于1925年，坚持"始终基于为全球合作提供支持、建议和分析，为德国学术交流中心塑造国际品牌的精神"，目前有242个注册成员高校、104个注册学生会成员。自1950年来，该中心共计资助德国大学生、毕业生和学者154.5万人，外国学生学者106万人；其中4.66万名德国大学生通过伊拉斯谟项目出国留学。该中心通过开展德国大学生与教授间的合作交流，进一步推动德国高校的国际协作。目前，它已在70余个成员国（主要是发展中国家）设立了15个区域办事处、57个信息中心、5个德国科学与创新中心、5个全球卓越中心、20个德国与欧洲跨学科研发中心、442个讲师职位以及168个校友会，建构了一个体系完整的国际协作网络。其资金来源于欧盟、联邦经济合作与发展部、联邦教育与研究部、联邦外交部以及其他捐助者（如表2-1所示）。欧盟提供的资金主要用作欧共体的国际经济文化交流建设项目，以及符合国际高等教育技术标准的技术培训建设项目；联邦经济合作与发展部提供的资金主要用作与发达国家的全球文化交流建设项目；联邦教育与研究部提供的资金主要用来资助德语大学生到海外就读，并开展与各国之间的双边学术交流；联邦外交部提供的资金主要用作海外留学生的奖学金，以及向海外派遣德语师资。

从2010年开始，在美国、英国、加拿大等发达国家高校出现了数字学术中心的建立浪潮，为数字人文服务、数字人文教学、数字人文科学项目等领域提供了技术支持。CenterNet是国际数字人文中心联盟网站，致力开展联合研究与协同

表2-1　2013—2018年德国学术交流中心资金来源

来源	2013 金额/亿欧元	2013 比重/%	2014 金额/亿欧元	2014 比重/%	2015 金额/亿欧元	2015 比重/%	2016 金额/亿欧元	2016 比重/%	2017 金额/亿欧元	2017 比重/%	2018 金额/亿欧元	2018 比重/%
欧盟	0.6	14	0.65	15	0.85	18	1.02	21	1.1	21	1.28	23
联邦经济合作与发展部	0.4	9	0.41	9	0.44	10	0.507	10	0.54	10	0.56	10
联邦教育与研究部	1.01	23	1.03	23	1.1	23	1.269	25	1.37	26	1.4	25
联邦外交部	1.84	43	1.77	40	1.84	39	1.867	37	1.85	36	1.95	35
其他捐助者	0.45	11	0.55	13	0.48	10	0.34	7	0.36	7	0.39	7
资金总额	4.3		4.41		4.71		5.003		5.22		5.58	

行动，让数字人文科学研究与各领域共同受益，特别是作为人文网络基础设施的中心，为个别数字人文科学项目提供虚拟数字人文与科学中心，以及为更广泛的专业社群提供数字人文与科学教育平台。美国、加拿大、英国的数字人文中心数量占全世界的一半以上，这些中心在本国的数字人文科学活动、研究成果中发挥着重要作用。国内学者对于英美国家高校数字学术中心、数字人文服务、数字人文项目热点、学术空间建设、数字人文课程、数字人文的兴起，以及图书馆的角色转变、服务模式的创新等进行了调研，并提出了相应的建议和策略，为我国高校数字人文的开展提供了很好的借鉴。英国皇家学会（The Royal Society），全称"伦敦皇家自然知识促进学会"，成立于1660年，是英国资助科学发展的组织，是英国最高科学学术机构，也是世界上历史最悠久而且从未中断过的科学学会，它在英国起着全国科学院的作用，具有双重职责：一是在国内和国际上作为英国的科学院，二是作为科学组织服务的提供者。亚斯特（Trieste）的国际理论物理中心，其目的是帮助各国科学家，尤其是发展中国家的科学家了解物理和数学研究方面的最新成就和发展，为各国科学家提供一个交流与合作的场所，为访问学者，尤其是发展中国家学者开展科学研究提供方便，促进发展中国家的科学研究水平。

综上所述，国外国际学术交流中心呈现组织机构、交流主题多元化、多样性，国际合作多层次、多方位，人才专业性、复合型，经费来源多元化，工作机制灵活等特点。但是，国际学术交流的主体和范畴未有清晰的界定，需要进一步探讨。

2.2 国内国际学术交流研究进展

基于 CNKI 数据库进行搜索，以学术交流为主题词，共检索到 263 条信息，学术交流主题聚类如图 2-1 所示。国内关于学术交流研究文献相对较多且覆盖全面，学术交流组织以图书馆、文献信息中心、研究中心、大学、国家重点实验室、中国科协为主；学术交流主题涉及学科建设、全球化、数字学术、中美关系等方向；学术交流形式以学术研讨会、学术交流会、报告会为主；研究方法主要集中于文献计量学、专家访谈、资料调研、实地调研等。其中对德国学术交流中心和中国国际经济交流中心比较分析研究较多，但是对国际学术中心建设的文献研究较少。

浙江省科协与中国国际科技交流中心联合开展"国际学术交流中心"建设，采用挂牌的方式，确立了国内首批 5 家"国际学术交流中心"。各中心采用各具所长、优势互补的方式，聚焦国际科技前沿和未来产业，结合地方发展需求，促进国内外"高精尖缺"科技人才的沟通和交流，激发新思想、展现新科技、分享新成果，成为服务科技经济社会深度融合的平台。杭州市以湘湖院士岛为物理空间，依托湘湖高新技术应用研究院的科技创新基础，以产业需求为导向，打造"湘湖国际学术交流中心"；宁波市以创智发展为引领，结合战略性新兴产业，融合宁波院士资源，打造全球领域、国际层级的"东钱湖国际学术交流中心"；温州市以高教园区生命健康小镇、温州健康产业创新中心为主体，挖掘园区高校院所科创资源富集的辐射带动效应，建设"瓯江国际学术交流中心"；湖州市融入长三角一体化国家战略、深度参与 G60 科创大走廊建设，以全省四大湾区之一的南太湖新区长三角人才创业港为主体，打造"南太湖国际学术交流中心"；嘉兴市以天鹅湖未来科学城项目为依托，引入智慧、安全、绿色的数字化概念，建设"天鹅湖国际学术交流中心"，并将其作为"科创中国"创新服务组织样板间建设的一项重要内容。

2.2.1 论文数量分析

论文数量在一定程度上可以反映出某技术类别或研究领域的发展状态、热度和趋势。统计 1997—2021 年学术交流主题论文数量及其增长率、1997—2021 年

图 2-1 学术交流主题聚类

学术交流主题论文数量及其累计数量，如图 2-2 和图 2-3 所示。学术交流主题论文总量为 263 篇，总体呈现递增趋势，2015 年数量达到顶峰，为 20 篇。

2.2.2 资助项目分析

学术交流主题主要资助项目统计如表 2-2 所示，包括 CALIS 医学中心科研基金项目"数字人文环境下民国医学文献研究"（项目编号：CALIS-2019-02-003）、江苏省高等教育教改研究重点课题"国际化视域下理工科青年学生文化自信重塑及其路径依赖研究"（项目编号：2019JSJG043）、国家社会科学基金项目"魏晋南北朝诸子学史"（项目编号：15BZW060）、2018 年江苏省高校哲学社会科学基金项目"基于布迪厄社会实践理论的高校阅读推广策略研究"（项目编号：2018SJA0859）、教育部人文社会科学重点研究基地重大项目"大数据资源语义表示与组织研究——面向文化遗产领域"（项目编号：16JJD870002）资助等。

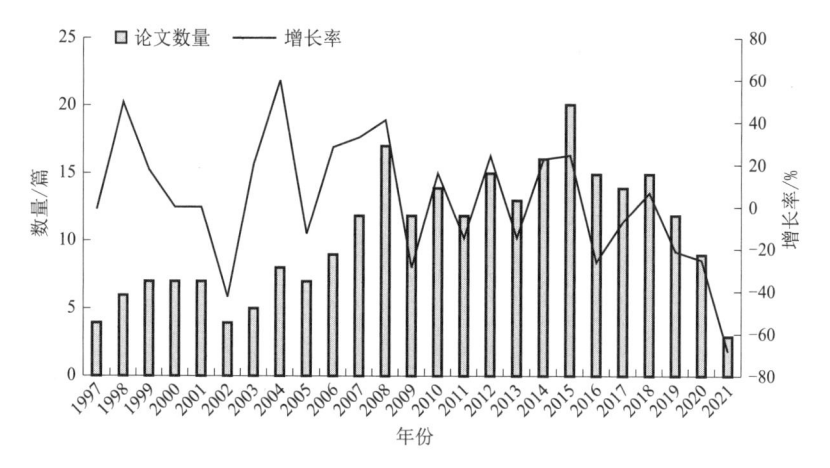

图 2-2 1997—2021 年学术交流主题论文数量及其增长率

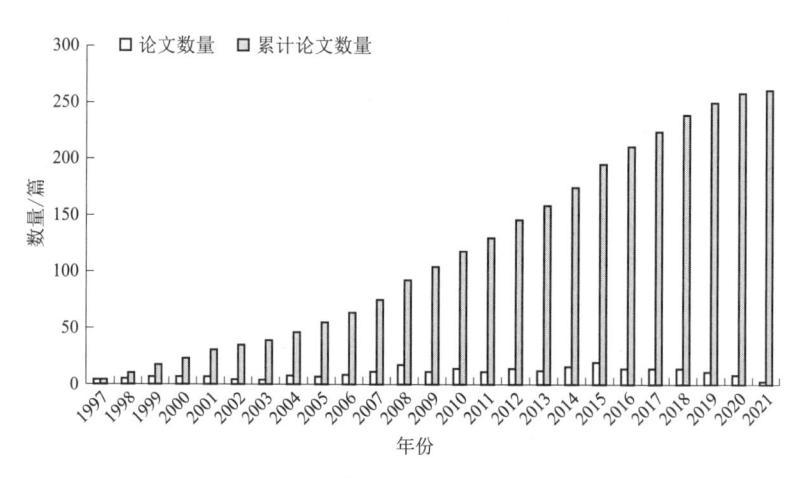

图 2-3 1997—2021 年学术交流主题论文数量及其累计数量

表 2-2 学术交流主题主要资助项目统计

序号	资助项目	数量/个
1	CALIS 医学中心科研基金项目"数字人文环境下民国医学文献研究"（项目编号：CALIS-2019-02-003）	1
2	江苏省高等教育教改研究重点课题"国际化视域下理工科青年学生文化自信重塑及其路径依赖研究"（项目编号：2019JSJG043）	1
3	国家社会科学基金项目"魏晋南北朝诸子学史"（项目编号：15BZW060）	1

第二章 基于文献计量国内外学术交流与科技合作现状、水平和发展趋势　21

续表

序号	资助项目	数量/个
4	2018年江苏省高校哲学社会科学基金项目"基于布迪厄社会实践理论的高校阅读推广策略研究"（项目编号：2018SJA0859）	1
5	教育部人文社会科学重点研究基地重大项目"大数据资源语义表示与组织研究——面向文化遗产领域"（项目编号：16JJD870002）	1
6	教育部人文社会科学研究规划基金项目"当代学习理论视阈下高校图书馆泛在学习共享空间构建研究"（项目编号：12YJA870022）	1
7	河源职业技术学院2017年哲学社会科学课题（项目编号：2017_sk17）	1
8	陕西省科学技术情报学会培育项目"大数据时代高校图书馆信息服务研究"（项目编号：2017SKQP06）	1
9	江苏省普通高校学术学位研究生科研创新计划项目"大数据环境下数字图书馆移动视觉搜索服务模式研究"（项目编号：KYC学术交流17_0018）	1
10	国家社会科学基金青年项目"我国科学院系统图书馆数字资源利用状况与发展趋势研究"（项目编号：2011CTQ007）	1

2.2.3 技术主题分布与演化分析

1. 技术主题分布

技术主题图是进行技术主题布局分析的典型计量学方法之一。学术交流主题分布如图2-4所示。图中每个点表示一个技术热点词，词与词之间的平面距离与词之间的关系强度成正比；颜色深浅度形成等高线，表示该词数量多少与密集程度；等高线中心山峰区域表示一个技术主题聚类。

从图2-4可知，学术交流的研究大体围绕以下热点词进行：委员会、研究生、服务中心、工作者；研讨会、图书馆、研究员；研究所、交流会、科学院、展览会、信息技术；杂志社、编辑部；学术研究、工程学院、培训中心、环境保护、重点学科。

2. 技术主题演化

主题演化分析作为新兴趋势探测方法之一，有助于了解领域主题产生、消亡、增强、减弱、聚合和裂变的过程，以主题词演化反映领域的主题变化情况。其基本过程：提取每个时间段的主题词（或主题词组），统计各主题词（或主题词组）频数，列出前N个主题词，依据数量多少排序；计算各个时间段主题词

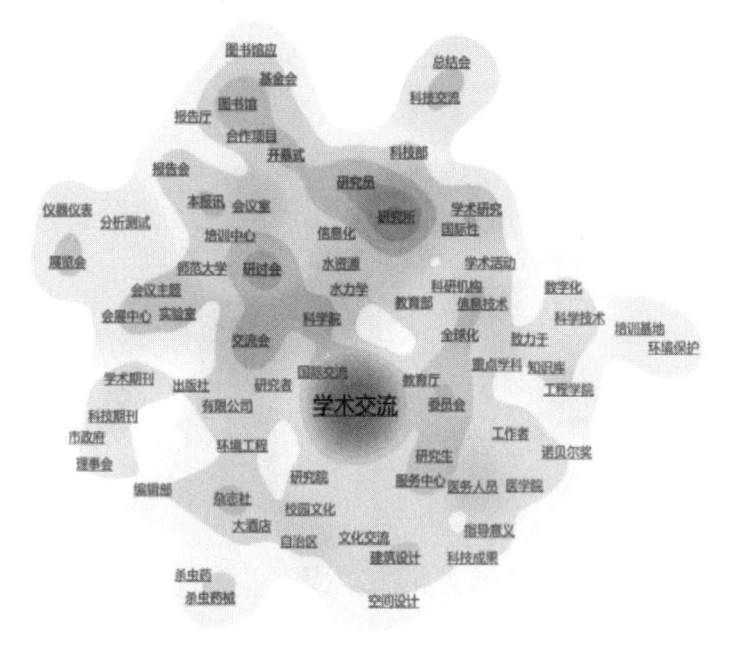

图 2-4 学术交流主题分布

（或主题词组）之间的同现关系强度，上一阶段的同现关系作为上一阶段主题词（或主题词组）与下一阶段主题词（或主题词组）之间的关系强度。基于相同的计算方法，将主题演化拓展到作者、机构、地区、关键词、学科类别演化。1997—2021 年学术交流主题词演化趋势如图 2-5 所示。

从图 2-5 中可以看出，2000 年以前主要为学术交流、研究所、兵器工业、开幕式、研讨会、研究员、副委员长、学术性、工作者、研究室；2001—2005 年主要为学术交流、研讨会、科技部、卫生统计、委员会、图书馆、本报讯、博览会、情报中心、图书馆学；2006—2010 年主要为学术交流、研讨会、研究所、民俗学会、科技馆、分析测试、知识库、展览会；2011—2015 年主要为学术交流、戏曲史、研究所、图书馆、服务中心、研究员、研究生、报告会、杂志社；2016—2020 年主要为学术交流、图书馆、校园文化、空间设计、研究所、科学院、研究生、建筑设计、学术研究、委员会；2021 年以后主要为科技期刊、图书馆、学术期刊、交流会、研究院、研讨会。

2.2.4 关键词分布与演化分析

1997—2021 年学术交流关键词演化趋势如图 2-6 所示。从图 2-6 中可知，2000 年以前主要为学术交流、和平与发展、研究中心、学术研讨会、中美关系、

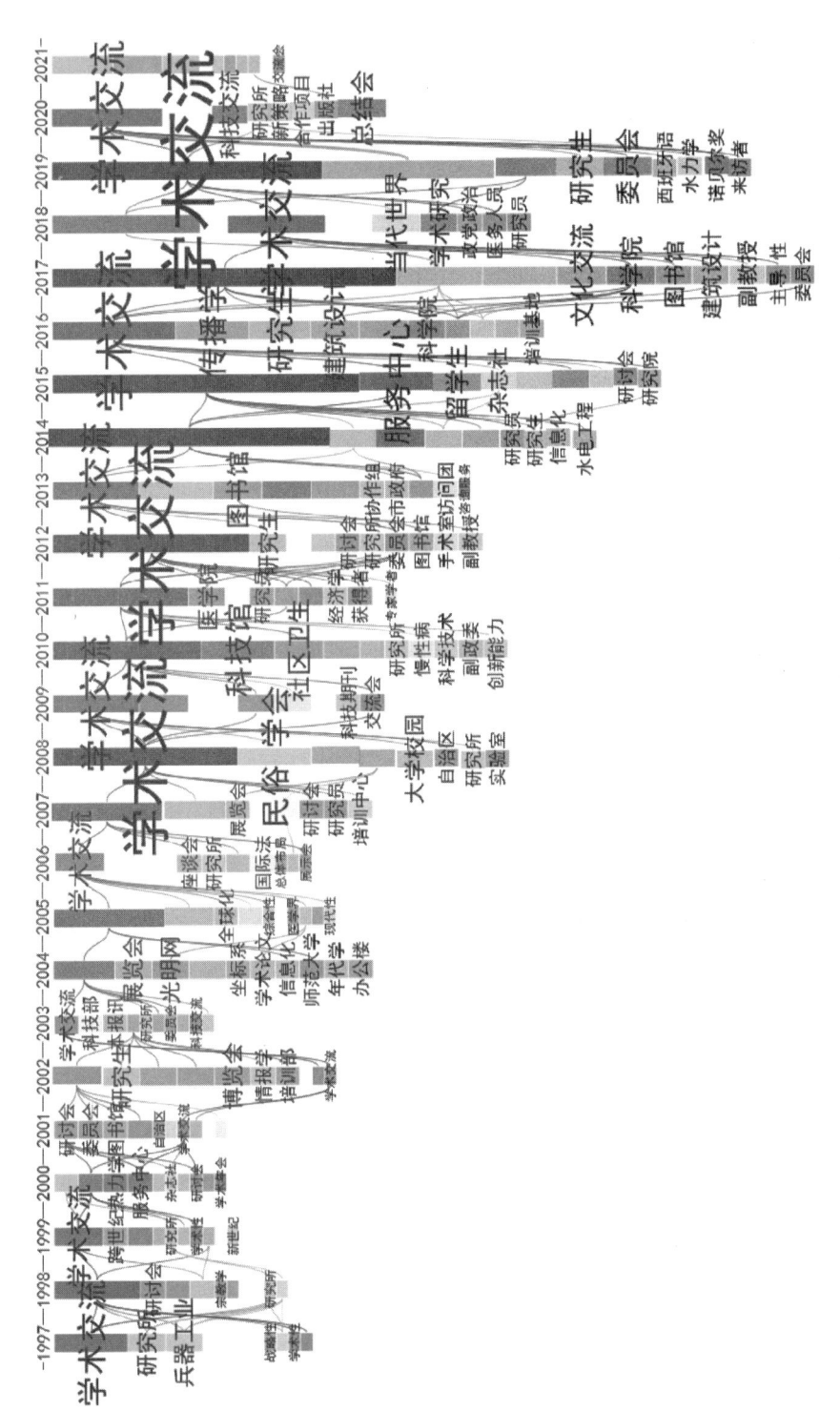

第二章　基于文献计量国内外学术交流与科技合作现状、水平和发展趋势　　23

图 2-5　1997—2021 年学术交流主题词演化趋势

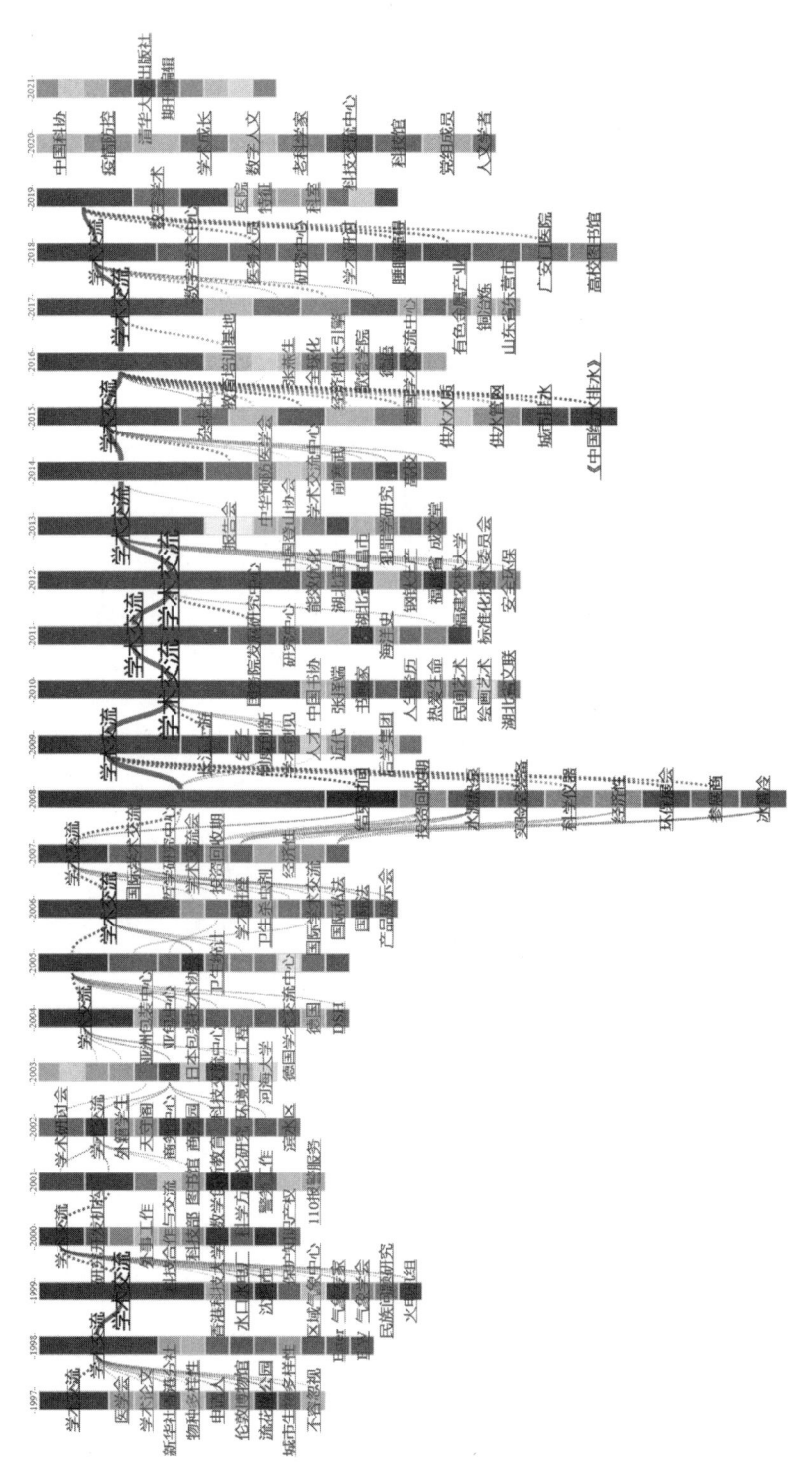

24　北京建设国际学术交流中心的创新实践

图 2-6　1997—2021年学术交流关键词演化趋势

中日关系、新华社香港分社、学术论文、申请人和伦敦博物馆；2001—2005 年主要为学术交流、国际学术交流、学术研讨会、德意志、学术交流会、文献信息中心、科学方法论研究、数学创新教育、警务工作和指挥中心；2006—2010 年主要为学术交流、国际学术交流、结束时间、中华预防医学会、水源热泵、冰蓄冷、投资回收期、经济性、学术交流会、研讨会；2011—2015 年主要为学术交流、国际学术交流、研究中心、中国社会科学院、文献信息中心、国务院发展研究中心、学术交流平台、学会工作、中韩文化和报告会；2016—2020 年主要为学术交流、数字学术、数字学术中心、德意志、高校图书馆、数字人文、教育培训基地、德国学术交流中心、中国国际经济交流中心和国际学术交流；2021 年以后主要为中国科技期刊研究、期刊编辑、清华大学出版社、学术研讨会、研究院、海洋发展战略、中国国际经济交流中心、国际关系学院和主旨演讲。

2.2.5 期刊分布

学术交流主题主要期刊及其论文数量如表 2-3 所示，排名前 5 的期刊分别为《世界教育信息》《生命科学仪器》《长江科学院院报》《中国社会科学院院报》《中华卫生杀虫药械》，其论文数量分别为 5、5、4、4、4 篇。

表 2-3　学术交流主题主要期刊及其论文数量

序号	期刊	论文数量/篇
1	《世界教育信息》	5
2	《生命科学仪器》	5
3	《长江科学院院报》	4
4	《中国社会科学院院报》	4
5	《中华卫生杀虫药械》	4
6	《学会》	3
7	《光明日报》	3
8	《图书馆》	2
9	《国际汉学》	2
10	《科技传播》	2
11	《比较教育研究》	2
12	《情报资料工作》	2

续表

序号	期刊	论文数量/篇
13	《中国投资》	2
14	《世界睡眠医学杂志》	2
15	《建筑与文化》	2
16	《中国环境管理干部学院学报》	2
17	《中国给水排水》	2
18	《建筑热能通风空调》	2
19	《国际中国文学研究丛刊》	2
20	《华南理工大学学报》	2

2.2.6 机构论文数量

学术交流主题主要机构论文数量如表2-4所示，排名前5的分别为生命科学仪器编辑部、湖北省石油学会、中国社会科学院、光明日报出版社、科技传播编辑部，其论文数量分别为5、4、4、3、3篇。

表2-4 学术交流主题主要机构论文数量

序号	机构	论文数量/篇
1	生命科学仪器编辑部	5
2	湖北省石油学会	4
3	中国社会科学院	4
4	光明日报出版社	3
5	科技传播编辑部	3
6	武汉大学信息管理学院	2
7	中国驻德国大使馆教育处	2
8	中国投资学会	2
9	世界睡眠医学杂志编辑部	2
10	中国环境管理干部学院学报编辑部	2
11	中国给水排水杂志社	2

第二章 基于文献计量国内外学术交流与科技合作现状、水平和发展趋势　　27

续表

序号	机构	论文数量/篇
12	天津师范大学外语学院	2
13	华南理工大学	2
14	中华护理学会学术部	2
15	中国科学院自然科学史研究所	2
16	重庆工商大学学报（西部论坛）编辑部	2
17	中国中医基础医学杂志社	2
18	上海海事大学蓄冷技术研究所	2
19	今日艺术杂志社	2
20	和平与发展研究中心	2

2.2.7 作者论文数量

学术交流主题主要作者及其论文数量如表2-5所示，排名前5的分别为李春梅、贾昆、刘艳骄、杨培莹、章学来，其论文数量分别为5、4、3、3、3篇。

表2-5　学术交流主题主要作者及其论文数量

序号	作者	论文数量/篇	所属机构
1	李春梅	5	湖北省石油学会
2	贾昆	4	湖北省石油学会
3	刘艳骄	3	世界睡眠医学杂志
4	杨培莹	3	上海海事大学蓄冷技术研究所
5	章学来	3	上海海事大学蓄冷技术研究所
6	郝蕊	2	天津师范大学外语学院
7	刘益东	2	中国科学院自然科学史研究所
8	吕磊磊	2	上海海事大学蓄冷技术研究所
9	叶金	2	上海海事大学蓄冷技术研究所
10	沈仪琳	2	—

2.3 国内科技交流与合作研究进展

2.3.1 论文数量分析

统计 1976—2022 年科技交流与合作主题论文数量及其增长率、1976—2022 年科技交流与合作主题论文数量及其累计数量，如图 2-7 和图 2-8 所示。可见，国内有关科技交流与合作的论文总量为 1328 篇，总体呈现递增趋势，1981 年、1983 年、1986 年、1999 年数量增长率较大，2006 年数量达到顶峰，为 82 篇。

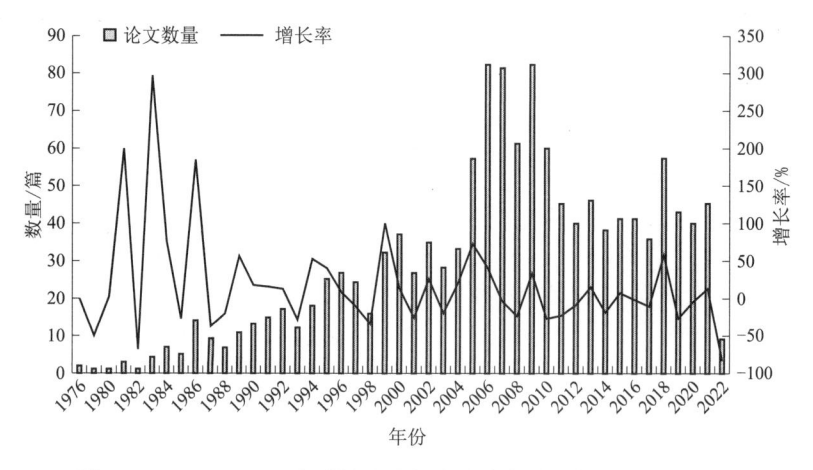

图 2-7　1976—2022 年科技交流与合作主题论文数量及其增长率

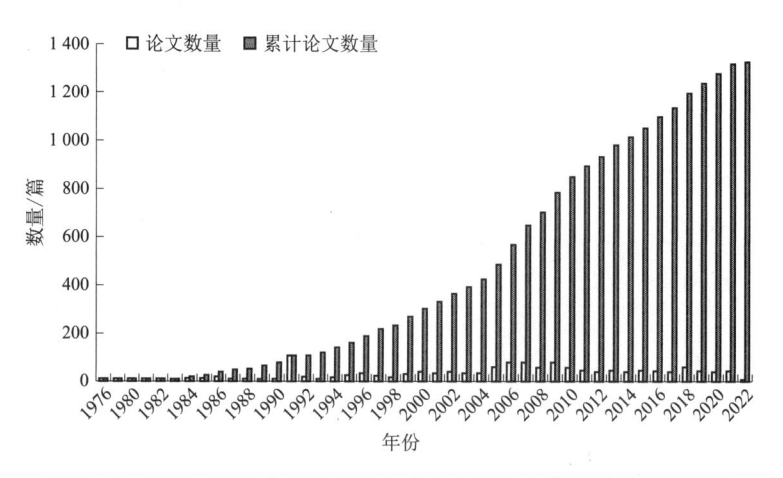

图 2-8　1976—2022 年科技交流与合作主题论文数量及其累计数量

2.3.2 资助项目分析

科技交流与合作主题主要资助项目统计如表2-6所示,以国家社会科学基金项目"中非科技学术交流合作的现状、问题及对策研究"(项目编号:10XGJ006)为主。

表2-6 科技交流与合作主题主要资助项目统计

序号	资助项目	数量/个
1	国家社会科学基金项目"中非科技合作的现状、问题及对策研究"(项目编号:10XGJ006)	4
2	青海省软科学研究计划项目"丝绸之路经济带建设中科技支撑的对策研究"(项目编号:2015-ZJ-605)	2
3	国家软科学研究计划(项目编号:2013GXS4D114)	2
4	陕西省科学技术厅一般项目:"陕西与'一带一路'沿线国家国际科技合作增长潜力及对策研究报告"(项目编号:2018KRM175)	1
5	河北省科技厅软科学研究专项"我省科技开放合作全链条服务研究——以以色列全链条科技服务为借鉴"的阶段性研究成果(项目编号:21557618D)	1
6	2019年宁夏回族自治区重点研发计划(软科学)"深化东西部科技合作推进开放创新路径研究"(项目编号:2019BEB02011)	1
7	西藏自治区软科学项目"'一带一路'框架下西藏在面向南亚开放重要通道建设中的科技创新合作研究"(项目编号:RKYJ2019000060)	1
8	中国社会科学院重大项目"'一带一路'建设若干重大问题研究"(项目编号:2019ZDGH009)	1
9	中国社会科学院青年科研启动项目"第四次产业革命背景下中日科技创新合作研究"(项目编号:2021YQNQD0068)	1
10	"地平线欧洲"计划跟踪研究及中欧创新合作成果梳理及现状监测(项目编号:2020ICN20)	1

2.3.3 关键词分布与演化分析

1. 关键词分布

图2-9展示了科技交流与合作的关键词分布:科技合作、对策、科技创新、联委会、模式;科技交流、高新技术、科学院、研讨会、交流与合作;俄罗斯、

黑龙江省、哈尔滨、产业化、经贸;"一带一路"、国际合作、科技、合作、创新;中国、东盟、文化交流、文献计量学;农业、台湾、福建省、中亚、闽台高校;粤港澳大湾区、巴西、模式探索、平台建设、丝绸之路经济带。

图 2-9 科技交流与合作的关键词分布

2. 关键词演化

1976—2022 年关键词演化趋势如图 2-10 所示。从图 2-10 可知,2000 年以前主要为科技交流、科技合作、中国科学院、科学院、高新技术、煤炭科学、研究院、交流与合作、科技成果和台资企业;2001—2005 年主要为科技合作、科技交流、俄罗斯、高新技术、产业化、中国、黑龙江省、对俄经贸、东西部和研讨会;2006—2010 年主要为科技合作、科技交流、俄罗斯、长三角、中科院、对策、模式、黑龙江省、科学院和中国;2011—2015 年主要为科技合作、科技交流、中国、俄罗斯、京津冀、对策、模式、东盟、交流和云南高校;2016—2020 年主要为科技合作、科技交流、科技创新、一带一路、中国、俄罗斯、对策、联委会和清洁能源;2021 年以后主要为科技合作、科技交流、一带一路、中国、技术转移、国际合作、粤港澳大湾区、科技创新和美国。

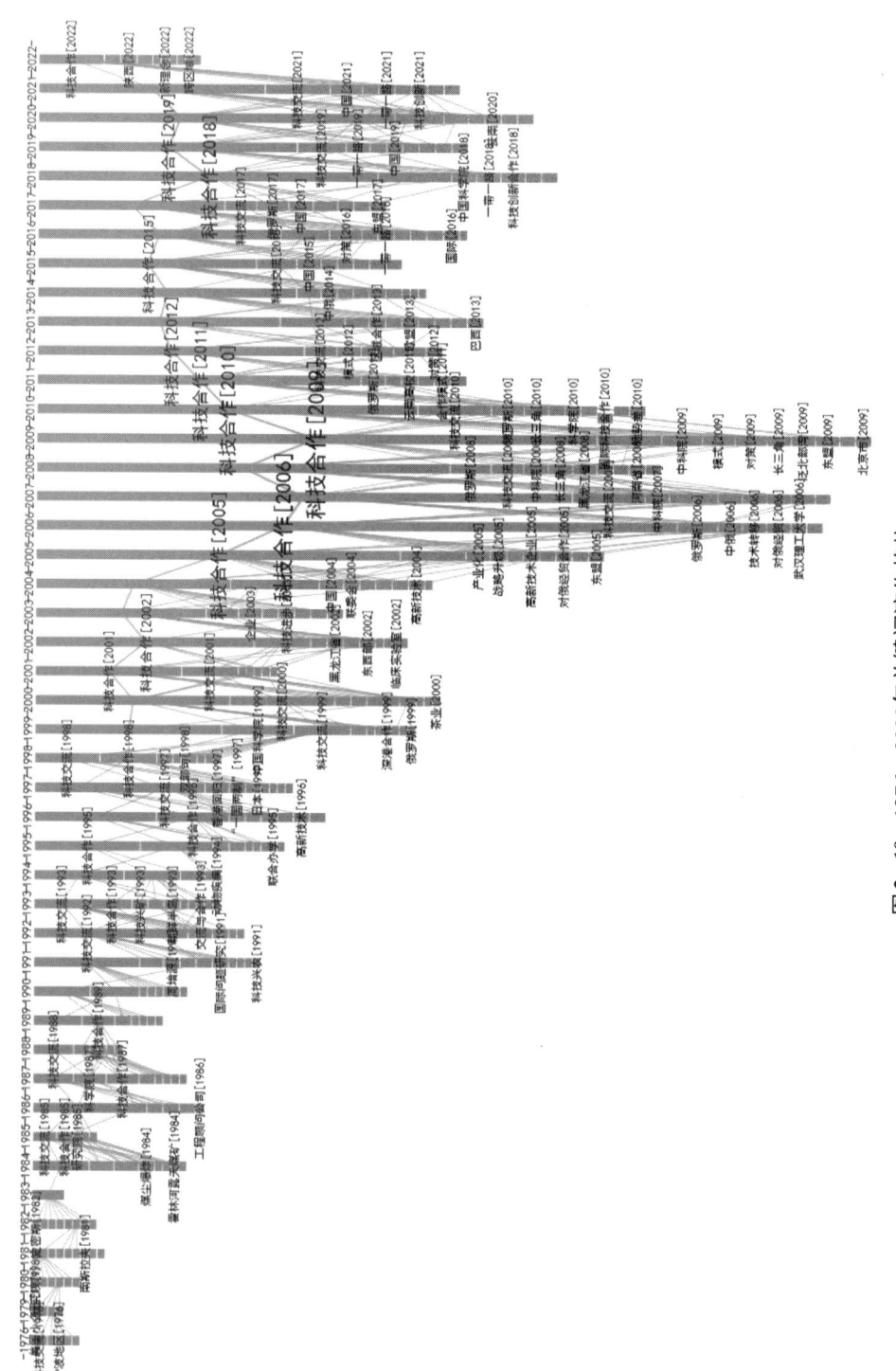

图 2-10 1976—2022年关键词演化趋势

2.3.4 期刊分布

科技交流与合作主题主要期刊及其论文数量如表 2-7 所示，排名前 5 的分别为《科技日报》《海峡科技与产业》《科技管理研究》《中国科学院院刊》《西伯利亚研究》，其论文数量分别为 40、37、28、25、20 篇。

表 2-7 科技交流与合作主题主要期刊及其论文数量

序号	期刊	论文数量/篇
1	《科技日报》	40
2	《海峡科技与产业》	37
3	《科技管理研究》	28
4	《中国科学院院刊》	25
5	《西伯利亚研究》	20
6	《全球科技经济瞭望》	17
7	《云南科技管理》	17
8	《中国科技论坛》	16
9	《科技进步与对策》	14
10	《煤炭科学技术》	12

2.3.5 机构合著

1. 机构论文数量

科技交流与合作主题主要机构论文数量如表 2-8 所示，排名前 5 的分别为科技日报社、海峡科技与产业编辑部、今日科技杂志社、煤炭科学技术编辑部、哈尔滨工业大学，其论文数量分别为 40、30、10、10、9 篇。

表 2-8 科技交流与合作主题主要机构论文数量

序号	机构	论文数量/篇
1	科技日报社	40
2	海峡科技与产业编辑部	30
3	今日科技杂志社	10
4	煤炭科学技术编辑部	10

续表

序号	机构	论文数量/篇
5	哈尔滨工业大学	9
6	云南省科学技术发展研究院	8
7	国际科技交流	8
8	中国科学技术信息研究所	7
9	黑龙江大学	7
10	中国气象报社	7
11	光明日报社	7

2. 机构合著关系

从图2-11中可以看出，合著关系显著的是中国科学技术信息研究所、中国科学技术交流中心。

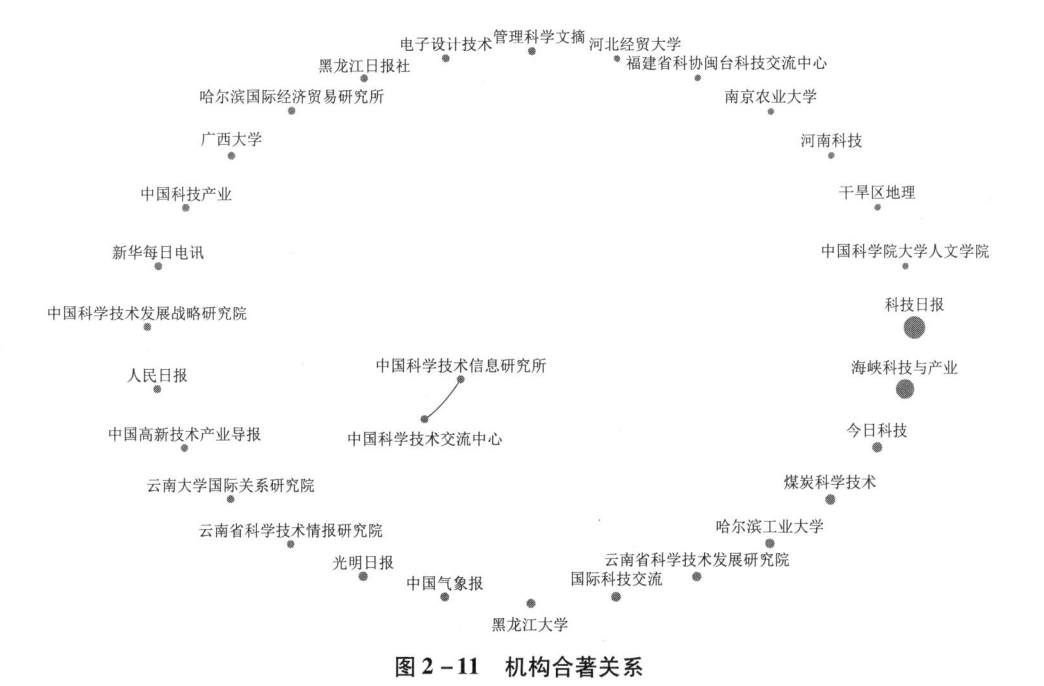

图 2-11 机构合著关系

2.3.6 作者合著与竞争分析

1. 作者论文数量

科技交流与合作主题主要作者及其论文数量与占比如表2-9所示，排名前5

的分别为李昕、许鸿、张永宏、于江波、赵光洲，其论文数量分别为 9、8、5、5、5 篇。

表 2-9　科技交流与合作主题主要作者及其论文数量与占比

序号	作者	论文数量/篇	占比/%
1	李昕	9	0.678
2	许鸿	8	0.602
3	张永宏	5	0.377
4	于江波	5	0.377
5	赵光洲	5	0.377
6	沈胡婷	4	0.301
7	王青松	4	0.301
8	万里	4	0.301
9	曾顺	4	0.301
10	龚婷	4	0.301

2. 作者合著关系

从图 2-12 可以看出，合著关系显著的有李昕、沈胡婷、王青松、万里、曾顺，张永宏和武涛，赵光洲和宋振华。

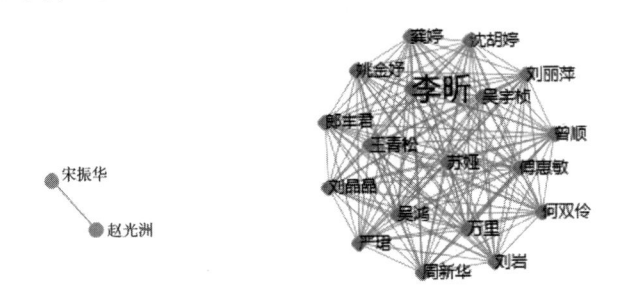

图 2-12　作者合著关系

3. 作者技术侧重与技术关联

如图2-13所示,作者关联关系显著的有:沈胡婷、王青松、万里、曾顺、龚婷、何双伶、吴宇桢、吴鸿、苏娅、刘丽萍、周新华、严珺、郎丰君、刘晶晶、刘岩、傅惠敏、姚金好;李昕、张永宏、于江波、赵光洲、宋振华、武涛、曾玉荣、宋亚勋、汪前进、陈欣、王立军。

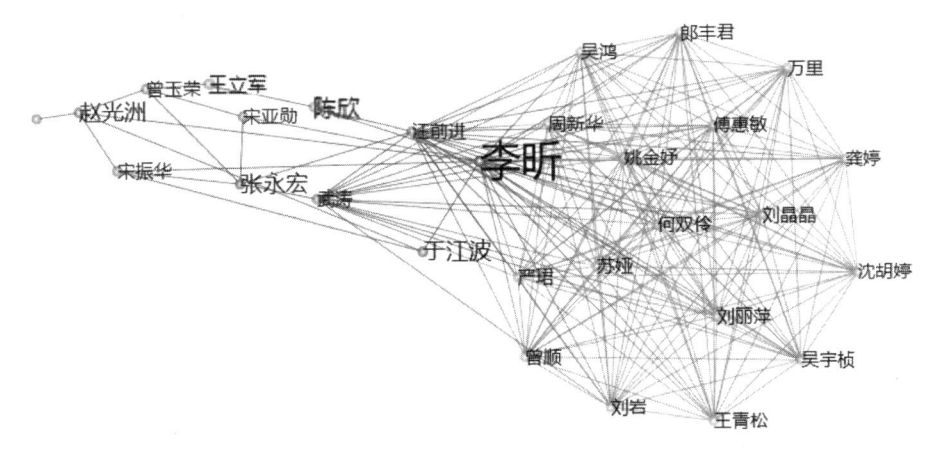

图2-13 作者关联关系

从关键词角度看,沈胡婷、王青松、万里、曾顺、龚婷、何双伶、吴宇桢、吴鸿、苏娅、刘丽萍、周新华、严珺、郎丰君、刘晶晶、刘岩、傅惠敏、姚金好、汪前进侧重于科技交流、科技合作、朝鲜半岛;李昕、许鸿、张永宏、于江波、赵光洲、宋振华、武涛、曾玉荣、宋亚勋、陈欣、王立军侧重于科技合作、科技创新、合作需求、云南高校和科技交流。

第三章 国内外学术交流现状调研与梳理

3.1 国内外学术交流的现状与问题——以科协系统为例

3.1.1 现状

1. 国内情况

第一，在办会资格上"通行率"明显偏高。以科协系统所举办的国际学术交流活动为例，2020 年，全国科协系统共举办学术会议 16 442 场次，参与人员 16 758.9 万人次，交流学术论文 68.2 万篇，批量生产的会议让人眼花缭乱；其次，在参会资格上完全"不设限"：只要你感兴趣，只要付了会费，哪怕不是学术从业者，也可以前去参加；第三，从数量上来看，2020 年受到新冠疫情影响，会议为 16 442 场次，2016 年高达 34 542 场次；第四，从级别上来看，我国举办的境内国际学术会议占比在 4%～9%，表明目前国内的学术会议层次还有较大的提升空间，高质量国际会议偏少，开放交流程度有待提升。具体如表 3-1、表 3-2、图 3-1、图 3-2 所示。

表 3-1 全国科协系统举办学术交流活动情况

年份	境内国际学术会议/场次	学术会议/场次	占比/%
2016	3 028	34 542	8.77
2017	1 506	21 096	7.14
2018	1 316	21 096	6.24
2019	1 473	19 461	7.57
2020	678	16 442	4.12

第三章　国内外学术交流现状调研与梳理

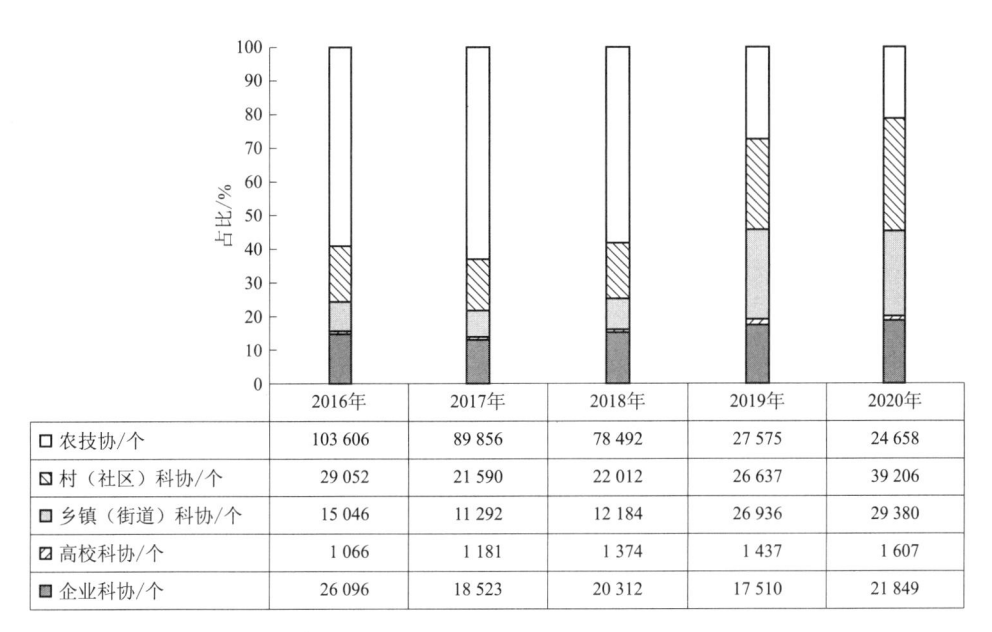

年份	2016年	2017年	2018年	2019年	2020年
农技协/个	103 606	89 856	78 492	27 575	24 658
村（社区）科协/个	29 052	21 590	22 012	26 637	39 206
乡镇（街道）科协/个	15 046	11 292	12 184	26 936	29 380
高校科协/个	1 066	1 181	1 374	1 437	1 607
企业科协/个	26 096	18 523	20 312	17 510	21 849

图 3-1　全国科协系统基层组织情况

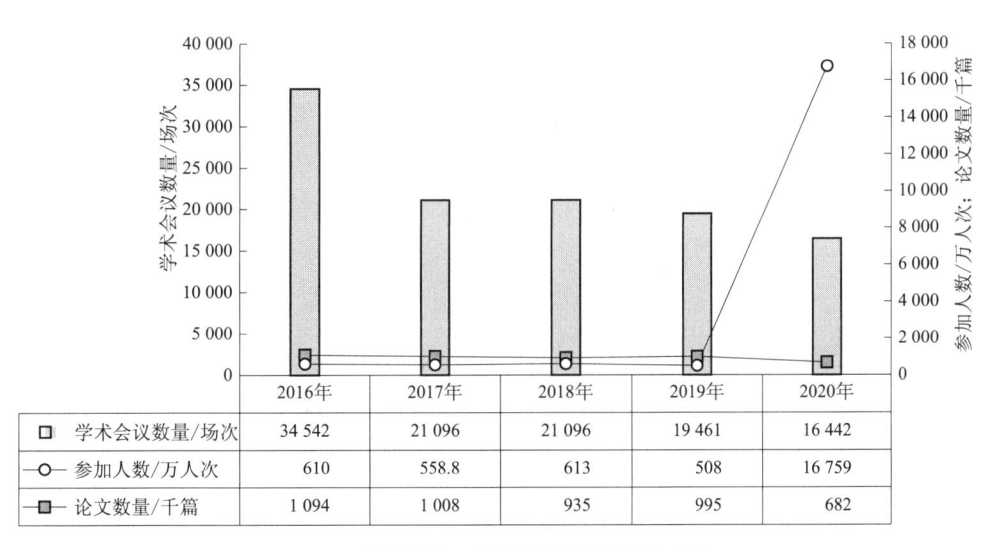

年份	2016年	2017年	2018年	2019年	2020年
学术会议数量/场次	34 542	21 096	21 096	19 461	16 442
参加人数/万人次	610	558.8	613	508	16 759
论文数量/千篇	1 094	1 008	935	995	682

图 3-2　全国科协系统举办学术交流活动情况

表 3-2　全国科协系统举办国际学术会议情况

年份	境内国际学术会议/场次	境内国际学术会议参加人数/万人次	境外专家学者/万人次	交流论文报告/万篇	港澳台地区学术会议/场次	港澳台地区学术会议参加人数/万人次	交流论文报告/万篇
2016	3 028	56.4	4.8	15.1	358	3.5	0.96
2017	1 506	62.9	4.8	14.0	266	8.0	0.8
2018	1 316	83.9	—	9.1	231	4.4	1.0
2019	1 473	135.5	—	14.3	165	3.9	1.0
2020	678	441.6	—	5.0	72	2.9	0.3

2. 北京市情况

以 2019 年数据为例，北京市科协系统共举办学术会议 975 场次，参加人数 21.3 万人次，交流论文 2.3 万篇。举办国内学术会议 917 场次，其中举办学术年会 265 场次。国内学术会议参加人数 19.4 万人次，交流论文报告 1.95 万篇。举办境内国际学术会议 52 场次，境内国际学术会议参加人数 1.9 万人次，境外专家学者 578 人次，交流论文报告 3 488 篇。举办港澳台地区学术会议 6 场次，港澳台地区学术会议参加人数 842 人次，交流论文报告 101 篇。截至 2019 年，科协系统共有学会 216 个，其中理科学会 26 个，工科学会 60 个，农科学会 19 个，医科学会 32 个，交叉学科学会 53 个，基金会 26 个。2019 年，举办境内国际学术会议的占比仅为 5.33%，近年来举办境内国际学术会议的占比为 4.00% ~ 6.00%。2019 年，境外专家学者平均每场会议参加人数仅为 11 人次，近年来境外专家学者平均每场会议参与人数为 10 ~ 21 人次。具体如表 3-3、表 3-4、图 3-3、图 3-4 所示。从表 3-1 和表 3-3 中可以看出，北京市近年举办境内国际学术会议的占比均低于全国平均水平。

表 3-3　北京市科协系统举办学术交流活动情况

年份	境内国际学术会议/场次	学术会议/场次	占比/%
2016	71	1 259	6.00
2017	32	893	3.58
2018	35	877	4.00
2019	52	975	5.33

表 3-4　北京市科协系统举办国际学术会议情况

年份	境内国际学术会议/场次	境内国际学术会议参加人数/万人次	境外专家学者/人次	交流论文报告/篇	港澳台地区学术会议/场次	港澳台地区学术会议参加人数/人次	交流论文报告/篇	境外专家学者平均每场会议参加人数/人次
2016	71	1.8	702	2 142	4	682	72	10
2017	32	1.0	686	1 086	7	712	132	21
2018	35	1.1	472	1 626	4	725	54	14
2019	52	1.9	578	3 488	6	842	101	11

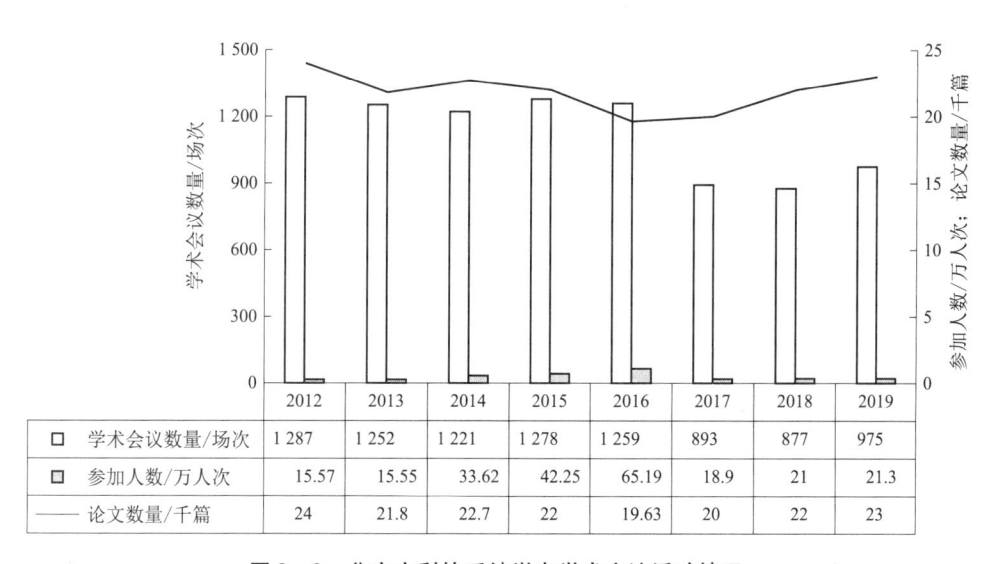

	2012	2013	2014	2015	2016	2017	2018	2019
学术会议数量/场次	1 287	1 252	1 221	1 278	1 259	893	877	975
参加人数/万人次	15.57	15.55	33.62	42.25	65.19	18.9	21	21.3
论文数量/千篇	24	21.8	22.7	22	19.63	20	22	23

图 3-3　北京市科协系统举办学术交流活动情况

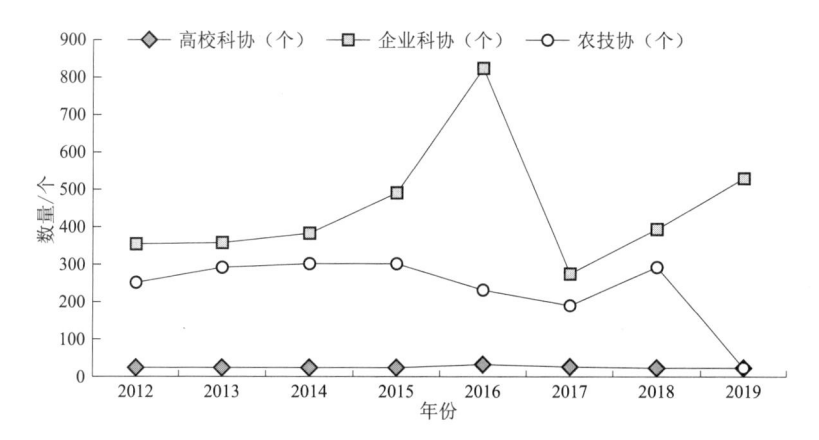

图 3-4　北京市科协系统基层组织情况

3. 国际及港澳台地区民间科技交流情况

如表3-5～表3-7所示，2019年北京市科协系统加入27个国际民间科技组织；在国际民间科技组织中任职的专家有88人，其中担任主席、副主席、执委或相当职务的高级别专家有6人，其他一般级别的专家有82人；参加国际科学计划3项；参加境外科技活动756人次，参加港澳台地区科技活动318人次；接待境外专家学者1 112人次，其中接待港澳台地区专家学者473人次。虽然北京市科协系统开展的国际及港澳台地区民间科技交流活动数量呈现逐年增加的趋势，但在全国的占比较小，均未达到5%，与北京作为国际科技创新中心和国际交流中心的地位不相匹配。

表3-5 北京市科协系统国际及港澳台地区民间科技交流情况

年份	国际民间科技组织/个	国际民间科技组织中任职专家/人	参加国际科学计划/项	参加境外科技活动/人次	参加港澳台地区科技活动/人次	接待境外专家学者/人次	双边合作交流项目/个
2016	18	48	3	563	167	992	13
2017	10	13	4	391	375	1 639	24
2018	13	47	4	374	303	921	10
2019	27	88	3	756	318	1 112	—

表3-6 全国科协系统国际及港澳台地区民间科技交流情况

年份	国际民间科技组织/个	国际民间科技组织中任职专家/人	参加国际科学计划/项	参加境外科技活动/万人次	参加港澳台地区科技活动/万人次	接待境外专家学者/万人次	双边合作交流项目/个
2016	1 423	5 218	329	3.5	—	4.9	1 023
2017	959	1 742	368	4.0	23.0	5.0	650
2018	860	2 212	171	3.1	2.0	4.3	439
2019	893	1 984	185	4.4	1.8	4.4	—
2020	889	2 248	154	6.2	0.3	0.8	—

表 3-7 北京市科协系统国际及港澳台地区民间科技交流活动在全国的占比

年份	国际民间 科技组织占比/%	国际民间科技组织 中任职专家占比/%	参加国际 科学计划占比/%
2016	1.26	0.92	0.91
2017	1.04	0.75	1.09
2018	1.51	2.12	2.34
2019	3.02	4.44	1.62

3.1.2 问题

1. 国内对国际学术交流重视不够

学术因交流而繁荣，浓厚的学术交流氛围是一个国家实现源源不断创新的重要保证，然而国内对学术交流重视不够。以北京为例：一是从总体上来看，与国外发达国家城市相比，北京市开展国际学术交流起步较晚，学术交流文化建设相对来说是薄弱环节，学术交流氛围还不够浓厚；二是从结构上来看，北京市学术交流活动在地域分布、机构分布、学科分布上都呈现出极不平衡的状态，全社会范围内的国际学术交流氛围并未形成；三是从工作流程上看，还存在形式不够丰富、手段不够多元、成果转化不够及时等问题，协同创新、开放共享的学术交流文化"软环境"还未形成。

2. 国际学术交流数量和质量有待进一步提升

一是从数量上来看，以北京为例，近年来，北京举办的境内国际学术会议占比在4%~6%。境外专家学者平均每场参加人数为10~21人次，与世界著名的国际会议之都如纽约、巴黎、新加坡、日内瓦、维也纳相比，北京举办国际学术会议的数量远远不够。二是从质量上来看，首先，国内举办的全球学术交流仍然以国际学术会议和学术报告为主要载体，表现形式相对单调，没有特点；其次，国际学术交流活动的品质也参差不齐，存在着导向不明显、深度不足、成果转化困难等问题，特别是地方学会、大专院校和科研院所举办的国际学术交流活动，因其科学性不够、应用性不强、缺少平台等原因，质量相对较低；最后，国际学术交流活动多局限在学科方向上，加之学术交流的宣传形式不够多样化、宣传力度不够，所以学术交流活动的影响力很难辐射到"圈外人"。

3. 国际学术交流治理现代化水平有待提高

目前，承担学术交流职责的各级机构、组织在人才培养、学会管理、学术交流等方面制定了一系列学术交流治理的制度，但是，在推进学术交流制度化体系化发展过程中还存在一些亟待解决的问题。一是推动学术交流长远发展的顶层设计有待完善。十年树木，百年树人，厚植学术交流土壤、培养创新型科技工作者、增强自主创新能力的事业是"百年树人"的大事业，必须要进行系统的顶层设计，但目前在长远规划和阶段性目标上顶层设计的蓝图还有待进一步绘制。二是学术交流的各类规章制度有待进一步体系化。虽然我国在学术交流和人才培养体制机制改革中已经积累了丰富的经验，但是这些有益的经验还需要进一步凝练，形成能够长期运行的系统化的学术交流制度。三是学术交流的治理能力有待进一步提升。学术交流的治理主体在推动学术交流现代化发展过程中，需要不断提升自身治理现代化水平，在推进学术交流的民主化、法治化治理方面还有待进一步加强。

4. 国际学术交流平台建设有待进一步夯实

目前，国际学术交流的主平台建设正不断深入发展，但适应国际科学工作者实际需要的不同层面、不同类别的平台建设还有待进一步加强。一是非专业性的学术交流平台建设有待加强。当前学术交流平台以专业性学术交流为主，非专业、跨领域的学术交流平台建设相对薄弱。二是多层次立体化的国际学术交流平台建设仍需进一步加强。目前大多数学术交流平台仍以举办国内学术会议为主，由于各方面资源投入不足，这些"基层平台"的作用很难满足国际学术会议的需求。三是各层次、各类别的学术交流平台的融合发展有待进一步提升。每个平台都掌握着不同的科研资源，不同平台在科研经费、人才资源、科研场所、信息咨询等领域具有比较优势，目前各平台在借力、借势、借智促进集体协作创新方面还存在不少体制机制障碍。

3.2 国际学术交流的典型案例

3.2.1 北京市科协学术交流"十三五"重点工作回顾

北京市科协高度重视过去多年来形成的好品牌"北京学术交流月"，并着力从交流形式和报告质量上加以提升，提出了北京学术交流主平台的建设目标，倡导交互式学术交流，提高了学术交流的质量和效能。学术交流主平台建设取得的重大突破，首先是吸引了国家级学会的参与和支持，2019年数量达到了31个，2020年与北京市科协建立合作机制的达到了61个。以"北京地区广受关注学术成果系列报告会"为代表的一批高质量学术交流活动，又进一步树立了学术交流的标杆。2019年北京地区广受关注学术成果遴选及系列报告会，聚焦数学、化学、生物医学工程三大学科，精选出25篇在北京地区具有重大影响力的学术成果，以此为基础举办的5场北京报告会，在线关注人数累计达数百万人次。2020年活动影响范围进一步扩大，一场报告会的网络点击量283万人次。

1. 精准把脉、精准定位、精准服务，从战略层面重视学术交流工作

一是精准把脉，作出学术交流是推动科技创新的催化剂这一正确判断。

科技创新需要学术创新、知识创新和培养可靠的人才，而这些均离不开学术交流。北京市科协领导班子正确认识到学术交流与科技创新的紧密联系，重视学术交流对科技创新的催化剂与助推力的作用。科协党组书记马林认为："学术交流是学会组织的根本，经理好学术才能组织好学会。关于学术交流的作用，大家要充分认识。学术交流是科研工作的组成部分，是学术创新的条件和基础。学术交流对创新的意义，对学术精进的意义是非常重要的。学术交流对追赶型、领先型科学研究的作用很不相同。"正是对学术交流的正确判断，为北京市科协做好学术交流工作提供了正确的思想指导。

二是精准定位，北京市科协定位为首都广大科技工作者服务的人民团体。

科技创新、学术交流需要一个能够将广大科技工作者紧密联系起来的组织或平台。北京市科协基于对"我们是谁，科协组织是谁"这一问题的深入思考，对自己有正确的定位，将自己定位为市委领导下的人民团体，为首都广大科技工作者服务的学会，而学会的主责是学术交流。正是有这一精准的定位，北京市科协在推动学术交流与科技创新上才有了明确的目标。

三是精准服务，着力开展以推动科技创新为目标的学术交流等系列活动。

推动学术交流对科技创新的催化剂与助推力的作用，需要具有明确性的目标、针对性的举措。对此，北京市科协以问题为导向，激活学术交流。领导班子成员分别深入学会、基层单位，有针对性地开展调查研究工作，发现问题、解决问题。重视注重盘活学术资源，坚持以科技工作者为中心，深入推进学会学术交流主平台建设。如升级北京科技学术交流月，加强与全国学会、国际科

技组织合作，引入高端化、国际化学术资源，示范带动首都科技社团加快向高水平发展。这些精准服务，既提升了学术交流的质量，又积极拓展了科技人才成长通道。

2. 打造平台吸引人才，为高水平学术交流汇聚力量

构建平台和凝聚人才，是学术交流活动深入开展的必要前提条件，北京市科协以我国创新驱动发展要求和广大科研人员成才需求为导向，建立了广泛、多元化的学术交流平台和人才培养发展平台。

一是以学术交流主平台为依托，打造学术交流的舞台。

学术交流平台是学术交流的媒介，是为学术研究信息、学术思想、学术观点提供交流的互动舞台。部分科研院所和科技工作者对学术交流热情不高的重要原因就是缺乏平台。没有学术交流的平台就不可能有学术交流的活动，因此，建设高质量的学术交流平台是促进学术交流的基本前提。建设优秀的学术交流平台，有着鼓励原始创造、带动科学技术发展、团结科学技术工作者、扩大学术成果发挥空间的重要功能。近年来，北京市科协围绕党和国家工作大局和北京建设国际科技创新中心的重大任务，制定了构建北京市科协学术交流主平台的总体目标。主平台通过对重点活动精心策划、广泛动员，各合作单位间进行彼此衔接、优势互补、交流互鉴，不断提高了主平台的内在质量和管理水平，为实现学术交流、人才培养、决策建议、科学普及打下了良好基础。同时，主平台建设对接了首都地区知名科技平台，借助全国双创周、京交会、科博会等平台提高学术交流平台的品质。

二是以经理学术为亮点，吸引更多科技工作者加入学会。

学术交流在科研人才中具有无法取代的重要地位，它可以从充实理论知识、激发思维、启发思考和培养能力等多方面，助力科学工作者快速发展。在促进学术交流与人才培养发展的实践中，北京市科协已明确提出了经理学术的核心理念，即立足学会学术本质属性，以科学评估、人才评估、组织国际高端学术会议、发展个人会员等改革措施为切入点与抓手，为广大科学工作者提供社会公共服务。经理学术正是为了满足科技工作者的学术发展需要，用学术旗帜感召人，用学术活动滋养人，让学会重新回到学术本性。经理学术的宗旨一经提出便广受欢迎，60多个学会积极开展了经理学术的相关工作。通过开展经理学术工作，学会对科技工作者的吸引力也愈来愈强，目前所属学会个人会员注册人数已达到了34万人。科技工作者可以加入某些学会，在学会中担任学术职务，通过学会

的交流平台开展学术交流，学术热情被极大激发，越来越多的科技工作者在学会的平台上快速成长，开辟了科研工作的新天地。

3. 开辟学术交流的创新路径，学术活动量质不断提升

学术交流是以丰富多彩的学术交流活动为依托的，近年来北京市科协开展的学术交流活动精彩纷呈，学术交流的数量和质量不断提升，交流形式日趋多样，交流内容更加综合。

一是学术交流活动数量大幅提升。

北京市全国科技创新中心的功能定位，要求有活跃的学术交流氛围，而学术活动数量是衡量学术交流活跃度的一个重要指标。近年来，北京市科协举办的学术交流活动总量大大增加。以 2019 年北京科技交流学术月活动为例，共组织了各种国内外学术交流活动 160 多场，其中 17 场与全国学会联合举办，16 场为高层次国际学术交流活动，24 场为面向全国及地区的专业学术交流系列活动，90 多名院士、近 400 名国外专家参与学术交流，受益人数累计超过 700 万人次。

二是学术活动质量不断提升。

北京市科协专注打造品牌学术交流活动，组织的北京科技交流学术月、北京地区广受关注学术成果系列报告会、十佳影响力学术会议座谈会、北京青年学术演讲比赛等都是高水平的学术交流活动。以 2019 年推出的北京地区广受关注学术成果系列报告会为例，报告会聚焦数学、化学、医学工程三大基础学科，选择基础数学、应用数学、基础化学、应用化学、医学工程五大领域，在半年时间内，从五个领域 8.45 万篇论文中，遴选出北京地区学者于 2014—2018 年发表在国内国际期刊上的热点、前沿、广受关注并具有重大影响力的 100 篇论文，这些论文都是相关领域近年来的最高水平科研成果，极大地提高了学术交流报告会的质量。

近年来，学科交叉协同创新成为科协系统学术交流活动的新方向。以自然科学与社会科学联合高峰论坛、两界联席会议、两界协同创新研究基地为主要载体，两科融合与协作创新发展上了新台阶。学科联盟的引领和协调作用得以充分发挥，跨专业、跨学科的综合性学术交流活动数量增加，促进了不同学科相互渗透、共同发展。

北京市科协主办的各类学术交流活动满足了不同层次科研工作者学术交流的需要。近年来，北京市科协主办的学术会议水平不断提升，形式不断多样化，既

有前瞻性、专业性的深度学术交流，又有与国际组织、全国学会、科研院所的联合互动，还有以院士为主体的高端前沿学术论坛。北京市科协主办的高水平学术交流活动逐渐涌现，例如，北京图像图形学会承办的第 18 届 IEEE 混合与增强现实国际研讨会，吸引了来自全球相关领域著名研究机构和龙头企业的专家学者和工程技术人员，其中国家专家达到 300 余人，这是该会议自 1998 年创办以来首次在中国举办。又如，由北京电子学会主办的 2019 全球自主智能机器人竞赛，弥补了全球自主智能机器人领域赛事空白。

4. 重视学术交流成果转化运用，提高学术交流社会影响力

举办学术活动并非学术交流的最终目的，提高科技工作者创新能力和学术成果的影响力、转化率才是学术交流的根本。面对传统学术交流中对学习交流与研究成果的转化重视不足的问题，北京市科协建立了学科联盟与产业联盟的常态交流机制，以推动各学科间最新科技成果和产业技术创新需求的高效衔接，提升产学研结合和新科技成果转化。同时，北京市科协也更加注重学术交流对人才、智力、成果积聚的优势，力争为党和政府决策提供科学支撑。

一是学术交流成果直接面向企业等创新主体。

促进科学技术创新成果转化是学术交流的重要环节。为推动学术交流成果的提升与转化，北京市科协积极为有技术创新需求的企业和科学技术工作者牵线搭桥，创新了"创新簇"的管理模式，用技术创新链把创新要素聚集在一起，建立有利于企业交流创新发展的技术生态体系。在学术交流活动中更加重视吸引中小企业的加入，并将学术交流成果制度化地运用于企业的技术创新实践中，以服务创新驱动企业发展，帮助企业特别是中小企业破解发展难题。

二是学术交流成果为党和政府的决策提供服务。

服务党和政府科学决策是学术交流的重要目的之一。科协系统的学术交流活动人才荟萃、智力密集、成果丰硕，蕴含着丰富的决策咨询资源。为更好地充分发挥学术交流服务决策的功能，北京市科协近年来通过建立以学会为基础的科学智库群，着力建立学术交流转化为政府决策咨询服务的成果转移平台，不断地为党和政府部门的决策提供智力支持。

5. 围绕人类命运共同体和"一带一路"建设，加强统筹，有力地开展对外民间交流工作

一是加入丝绸之路沿线民间组织合作网络。

在中联部和北京市委外事办的指导下，北京市科协加入了由中促会倡导成立

的丝绸之路沿线民间组织合作网络，带领科技类社会组织促进科技工作者的民心相通。北京生态修复学会、北京光华设计发展基金会等配合国家的民间外交，积极承担对柬、对蒙开展的民生项目任务。

二是推动开展常态化国际合作项目。

北京市科协推动了"京交会"——首都科技工作者国际交流系列活动、北京科技交流学术月——NGO北京国际对话会、北京科学嘉年华——北京国际科学节圆桌会议、北京—意大利科技经贸周、创新链接国际专题研讨会、国际科技组织合作平台建设等常态化项目。此外，近年来指导近30家科技社团建立常态化国际合作项目，初步形成了系统化、规模化，如世界绿色设计论坛、北京国际听力学大会、京港澳测绘地理信息技术交流会等。

三是参与中国科协"一带一路"国际科技组织平台建设项目。

2019年，北京市科协积极参与中关村论坛工作，与联合国教科文组织驻华办事处、毛里求斯福尔肯公民联盟等国际、国外组织联合，与京促会共同发起中关村论坛"一带一路"科技创新与民间合作平行论坛，就科技创新服务"一带一路"的共建协作、促进双方民意沟通和民生协作等进行深入探讨。同年，北京市科协组织首都科技社团参与中国科协"一带一路"国际科技组织平台建设项目，围绕数字经济、智能制造、绿色能源、生态修复、科学传播、交叉学科等多个前沿领域开展民间科技人文交流，引导和支持市属相关学会培育常态化国际合作项目。在上述前期工作基础上，2020年，为提高北京市民间科技交流项目的系列化和可持续性水平，北京市科协还建立了国际科技组织合作平台项目，甄选十余家单位参与，开展常态化"一带一路"民间科技交流，吸引优质国际科技组织资源来京，并梳理科技与工程类重点国际组织信息，服务北京国际交往中心和科技创新中心建设。

3.2.2 国内外主要国际学术交流活动

学术交流的价值在于通过交流科学思想激励创新。世界科技大国普遍重视学术交流，尤其是西方科技发达国家，其学术交流机制已有400余年的历史，形式多样、学科多维、群体多元、交流深入、体制机制逐步健全。

我国举办的受欢迎的国际学术交流会议主要集中在物理学、工程学、计算机、化学、人工智能、复合材料等前沿领域（如表3-8所示）。北京市举办的国际学术交流活动主要聚焦于听力、新能源、冷链、光子技术、集成电路技术、脑科学与人工智能交叉学科、智慧医疗、国际交流和人才培养等新兴产业里的北京优势领域和学科（如表 3-9 所示）。

表 3-8　2021 年中国科协系统举办的热点国际会议 TOP10

序号	会议名称	会议内容	会议日期	组织	地点	会议官网
1	第九十届国际勘探地球物理学家协会年会暨展览会	该会议由国际勘探地球物理学家协会主办，创建于 1930 年，每年举行一次，已连续举办 90 届，是地球科学、石油勘探领域内享有盛誉的专业、高水平会议。参会人数达 8 000 人，会议提交详细论文 8 000 多篇，会上将邀请学术报告，展出各个地球物理勘探装备制造厂的最新产品。国际勘探地球物理学家协会的宗旨是促进地球物理学，特别是勘探地球物理学的发展	2021 年 9 月 26 日—10 月 1 日	国际勘探地球物理学家协会	美国科罗拉多州丹佛	https://seg.org/
2	第八十七届国际图联世界图书馆与信息大会	国际图书馆协会与机构联合会（简称"国际图联"）是一个独立的、非政府性的国际组织，代表了全世界图书馆、情报服务机构、图书馆协会和情报协会的利益，是全世界图书馆与情报服务机构从业人员及读者的喉舌。国际图联的主要目的是推动国际间合作、理解、探讨、研究和发展，在国际事务中代表图书馆界的利益。国际图联成立于 1927 年，目前有来自 150 多个国家的近 1 500 个会员。国际图联大会通常由大会开幕式、全体会议、分会场、展览会、理事会、文艺晚会、图书馆参观、卫星会议和闭幕式等几部分组成	2022 年 7 月 26 日—29 日	国际图书馆协会和机构联合会	爱尔兰都柏林	https://www.ifla.org/

第三章 国内外学术交流现状调研与梳理 49

续表

序号	会议名称	会议内容	会议日期	组织	地点	会议官网
3	第八十二届欧洲地质学家与工程师学会国际会议与展览会	该会议是勘探地球物理领域影响最为广泛的国际会议之一，具体包括大型的会议和专业技术展示，涵盖了在地球物理学、地质学和油藏工程方面的新技术、新进展。该会议的名气在勘探地球物理、地球科学教育、勘探技术、学术交流等领域都有着巨大的影响力，其实，该会议的目的就在于——为地球物理勘探、地质矿产石油勘探与开发、城市建设与环境保护的教育、技术交流而举办	2021年10月18日—21日	欧洲地质学家与工程师学会	荷兰阿姆斯特丹	https://eage.org/
4	第五十九届国际计算语言学年会	该会议是国际计算语言学领域历史最悠久和最具权威的学术组织——国际计算语言学协会（ACL）主办和发起的系列会议，是计算语言学/自然语言处理领域顶级的国际学术会议。会议涵盖语言分析、信息抽取、机器翻译与自动问答等在内的21个研究领域，旨在促进全球计算语言学领域的发展与学术交流	2021年8月1日—6日	国际计算语言学协会	泰国曼谷	https://2021.aclweb.org/
5	第五十六届世界规划大会	世界规划大会面向全球所有地区和城市开放，是国际规划专业人士的学术盛典。第五十六届世界规划大会主题为"后石油城市"，邀请城市和区域规划师、景观设计师、开发商、政治家和NGO共同讨论全球城市的未来。会议聚焦资源依赖型，特别是石油依赖型的城市转型话题，探讨从石油城市过渡到可再生的零碳城市的路径。会议议题还包括后石油城市的未来、新陈代谢的城市、经济多元化、流动性和连通性、复原力、文化和宜居性等	2020年11月8日—2021年2月4日	国际城市与区域规划师学会	线上	http://ccg.castscs.org.cn/isocarp.org

续表

序号	会议名称	会议内容	会议日期	组织	地点	会议官网
6	第五十二届美国地球物理联合会年会	该会议是全球最大的地球和空间科学国际会议，创建于1919年，已发展成为全球交流和传递国际地球物理学跨学科的最新发现、趋势和挑战的最大平台。该会议每年有来自世界各地的科学家约2万人参加。美国地球物理联合会现有来自全球135个国家的6万多名会员	2021年12月13日—17日	美国地球物理联合会	美国路易斯安那州新奥尔良	https://www.agu.org/
7	2021年IUPAC世界化学大会	化学前沿：促进健康、能源、可持续性和社会的化学	2021年8月13日—20日	加拿大化学会、加拿大IUPAC国家委员会、加拿大国家研究委员会	加拿大蒙特利尔	https://iupac.org/event/iupac-world-chemistry-congress-2021-montreal/
8	第三十八届国际机器学习大会	国际机器学习大会（ICML）是专门致力于人工智能分支机器学习发展的专业人士的重要聚会	2021年12月12日—13日	国际机器学习学会	美国加利福尼亚州	https://icml.cc/
9	第七届IEEE云计算与智能系统国际会议	该会议由中国人工智能学会主办，西安电子科技大学承办。会议旨在对云计算、人工智能的前沿技术和热点问题进行深入研究和探讨，以促进相关技术和产业的发展。扩大云计算与智能科学技术领域的国际交流和合作，增强该领域内的学术影响，并给国际同行提供一个交流的平台，使参会者了解最新的学术动态，分享最新的研究成果	2021年11月6日—7日	中国人工智能学会	中国陕西省西安市	

序号	会议名称	会议内容	会议日期	组织	地点	会议官网
10	2021国际复合材料科技峰会	该会议以引领我国复合材料领域技术升级发展，聚焦行业顶级专家，促进产学研各界立体高效合作为宗旨，历经多年沉淀，已成为复合材料领域具有重要影响力的学术活动和反映国内外行业发展最新趋势的高端平台。国际复合材料科技峰会利用中国复合材料学会在高端智库、学术资源、企业商界的广泛影响力，在全球范围内邀请复合材料领域专家学者与企业代表参会，重点研讨复合材料学科与产业发展的动态、前沿与趋势，展示复合材料最新技术与应用	2021年11月5日—7日	中国复合材料学会	中国广东省东莞市	http://www.csfcm.org.cn/

表3-9 北京市科协系统主要国际会议活动

序号	名称	简介	日期	组织	境外参与国家或机构
1	2021北京国际听力学大会	通过专业学术交流和行业综合展览，追踪听力学领域内最前沿的研究热点，探讨行业发展的未来走向，充分展现最新产品、技术与个性化精准服务。通过搭建听力学领域的国际交流平台，促进中国听力学的发展与繁荣，推动听力相关行业的规范化与健康成长	2021年6月5日	北京市科协与北京听力协会	德国、英国
2	2021首届中德智能新能源汽车海外发展高峰论坛	该论坛为智能新能源汽车领域的海归群体搭建一个交流和沟通的平台，促进中德智能新能源汽车领域的技术合作和海外科技人才共享，并期待通过这个平台来凝聚、整合和善用海归资源，推动我国智能新能源汽车产业健康快速发展，为实现我国汽车产业"由大变强"贡献力量	2021年10月16日	北京市科学技术协会、留德校友联合会、牛津剑桥北京校友会联合主办	德国

续表

序号	名称	简介	日期	组织	境外参与国家或机构
3	第五届国际制冷学会冷链及可持续发展会议	本次会议重点关注冷链及制冷行业的可持续发展，吸引了来自全球17个不同国家的192名代表出席。会议共发表论文73篇，其中48篇论文来自国外，所有论文收录在会议电子版论文集中	2018年4月6日—8日	中国制冷学会和北京制冷学会共同承办	日本、英国、丹麦等
4	2021年世界光子大会暨第十届国际应用光学与光子学技术交流大会	该会议汇聚全球院士、专家学者、业界精英，构建一个多元、开放、创新的全球性共享平台，共同促进光电及光电子技术创新及其产业应用的合作共赢	2021年7月24日—26日	中国光学工程学会、国际光学工程学会	美国、英国、澳大利亚
5	2021年北京国际城市科学节联盟年会暨第八届北京国际科学节圆桌会议	北京国际城市科学节联盟年会期间，先后举办了四场科学传播专题论坛，以"新形势下科学传播的创新与发展""跨文化视角下的科普理念与实践""科学传播与公众参与""开放科学与科学教育"为主题，与12个国家21家科普机构43名中外专家开展交流研讨，在思想碰撞、经验共享中，共同探索发挥各自优势和作用，服务和促进世界公众科学素质提升	2021年9月17日—20日	北京市科学技术协会主办，北京科普发展与研究中心、北京科技国际交流中心、北京国际城市科学节联盟、北京科学教育馆协会承办	欧盟、英国、南非、泰国
6	2018 IEEE国际集成电路技术与应用学术会议	该会议对集成电路设计、技术和应用及相关跨学科交叉领域的最新技术成果进行交流和展示，旨在打造全球IC设计、技术和应用的前沿论坛和交流平台，成为国内集成电路国际性旗舰会议，为我国科研人员参与顶尖技术培训和学术研讨、为企业了解最新技术成果及发展趋势提供交流平台	2018年11月21日—23日	北京市科学技术协会支持，IEEE北京分会、北京电子学会主办	瑞士、法国、韩国、日本、意大利、新加坡、德国、美国、尼日利亚、埃及、孟加拉国

续表

序号	名称	简介	日期	组织	境外参与国家或机构
7	2018年"驻华外交官专题交流——与院士面对面"活动	自2003年举办以来,该活动积极组织来自各国驻华使馆和国际组织驻京机构的科技、经济、文化等领域外交官深入到科技园区、科研机构、科技企业交流,参加北京市科技学术、科学普及活动。内容丰富、形式多样的系列活动让外交官深切感受到了北京科技文化社会的发展,并向外交官推广了北京国际交往中心和科技创新中心建设的成果,为各国科技工作者开展交流合作搭建了有效平台	2018年11月22日	北京市科学技术协会、北京市人民政府外事办公室主办,北京农业信息化学会、北京农业信息技术研究中心承办	俄罗斯、法国、德国、澳大利亚、柬埔寨、摩洛哥
8	北京力学领域青年学者组织国际学术沙龙活动	该活动前期经多位北京地区广受关注学术成果报告人联合策划,聚焦现代力学,研究世界前沿,探讨交叉力学领域相关的学术问题	2021年6月26日	北京市科协	澳大利亚、美国
9	国际工程科技人才高端对话活动	参与会各方就增强工程科技国际交流合作达成三点共识:一是打造要素集成、开放融通的工程创新资源共享平台,推进工程创新资源共建共享共用。二是建设创新驱动高质量发展的工程创新协同网络,聚焦新一代信息技术、新能源汽车等新兴战略性产业领域,开展产学融合对话,引导创新产品和工程研发能力跨境输出。三是助力国际工程科技人才的互信互认机制	2021年5月26日	北京科技咨询中心、北京工程师学会	亚太工程组织联合会、地中海国家工程师协会、经济合作组织科学基金会、巴基斯坦、英国、意大利

续表

序号	名称	简介	日期	组织	境外参与国家或机构
10	中俄脑科学与人工智能交叉学术研讨会	在中俄新时代全面战略协作伙伴关系框架下推动科技创新务实合作，围绕中俄两国脑科学与人工智能领域最新科研进展、交叉演变新形势进行深入交流，促进学科融合发展和创新思维碰撞，惠及全人类生命健康	2021年5月25日	北京市科协	莫斯科罗蒙诺索夫国立大学、俄罗斯科学院
11	2021中关村论坛智慧医疗创新论坛	论坛以习近平总书记在2021中关村论坛开幕式上的重要致辞精神以及对北京重要讲话精神为指引，依托中关村论坛这一面向全球科技创新交流合作的国家级平台，发挥科协开放型、枢纽型、平台型组织作用，团结凝聚科技工作者开展"同行"和"跨界"国际交流，展示首都高水平对外开放，在国际舞台上展示中国科技力量。论坛结合北京经济技术开发区"国家海外人才离岸创新创业基地"建设，链接全球智慧、聚合科技力量、营造创新生态，"聚天下英才而用之"，带动北京经济技术开发区医药健康产业国际化发展，共建"健康北京"	2021年9月25日	北京市科协、北京经济技术开发区管理委员会	巴基斯坦、英国、
12	2020年服贸会中国国际技术贸易论坛	论坛题为"开放创新、融合联动"，旨在通过打造技术贸易与创新合作国际平台，推动技术贸易与服务跨境合作融合，促进国内需求与国际创新资源服务贸易发展对接，凝聚智慧服务北京加快建设全国科技创新中心	2020年9月8日	中国科协指导，中国国际科技交流中心、北京市科协、北京市科学技术研究院共同主办	欧盟、美国

3.2.3 典型案例

1. 中关村论坛——半官半民性质（以 2021 年为例）

中关村是全国科技发展的一面旗帜，在推动中国高新技术自立自强发展中肩负着重大责任。将中关村论坛建设成面向全世界科学技术创新交流协作的国家级平台，是中央作出的一个重大决定。从 2007 年开始，经过十多年发展与壮大，中关村论坛已成为全球化、综合型、开放式的中国科技创新高端国际论坛。通过链接世界智力，凝聚科研能量，中关村论坛已逐步发展成富有全球影响力的国家级开放创新平台，已成为代表我国参与全球科研创新实践、深度参与全球科技治理、展示新发展理念、增强国际话语权的重要学术交流门户。

习近平总书记强调，中关村是中国第一个国家自主创新示范区，中关村论坛是面向全球科技创新交流合作的国家级平台。中国支持中关村开展新一轮先行先试改革，加快建设世界领先的科技园区，为促进全球科技创新交流合作作出新的贡献。

（1）主办机构

2021 中关村论坛由科学技术部、中国科学院、中国科协、北京市人民政府共同主办；中关村论坛组委会办公室为承办单位；受世界知识产权组织、国际科技园及创新区域协会等单位支持。运营机构为北京中关村国际会展运营管理有限公司。

（2）交流主题

中关村论坛以"创新与发展"为永恒主题。中关村论坛聚焦于全球的科技创业最前沿与热点话题，每年设置不同主题，来自世界的顶级科学家、企业家、新锐创业人等一起参与，通过纵论科技创新，互动共享，引发各界的关注，并进一步传播新思想、探讨模式、推进创新发展。近几年中关村论坛主题如表 3-10 所示。

表 3-10 近几年中关村论坛主题

年份	2021	2020	2019	2018	2017	2014
交流主题	智慧·健康·碳中和	合作创新 共赢挑战	前沿科技与未来产业	全球化创新与高质量发展	创新·智能·新经济	协同·分享·共赢创新创业生态系统

2021 年中关村论坛围绕全球科技前沿和社会热门话题，开设 25 个平行论坛，

并围绕重大传染病防治、量子信息技术、人工智能等热门话题，聘请国内外嘉宾开展主旨讲座。《新一代人工智能伦理规范》和长寿命超导量子比特等一批重大创新研究成果在论坛上发布。同期举行的中关村论坛博览会（科博会），共设有综合展馆等五个会场，500多家国内外公司展出最新研究成果，围绕关键技术与原始创新，凸显新一代人工智能、生物医药、科技冬奥等新产业，展示最前沿科学技术，共同打造面向世界、面向中小微公司与初创公司、连接资本的科学技术成果"精品展"。论坛还举办2021年度中关村国际前沿科技创新大赛生物医药、集成电路领域决赛。2021年度中关村国际前沿科技创新大赛以"引领前沿科技、助力数字经济"为主题，涉及生物医药、新一代人工智能、集成电路等12个重要领域，采取竞赛开放路演的方法，面向全国公众筛选一大批具有全球首创、世界领先的前沿技术服务项目和公司，并将结合北京分园积极推进服务项目在中关村落地。全面加强国际科技合作，技术交易板块也将发挥重要作用。论坛期间举办的中关村国际科技贸易峰会上，开展了包括新技术新产品的首发推广等15场交流活动，共汇集了500多项新技术新产品，开展以中关村创新企业为主体的企业专场活动，以鼓励企业家、投资者、科研人员之间加强沟通、加深认识、互利合作。全球疫情仍在深远影响人类世界，但创新发展、合作共赢的脚步不受限。2021年中关村论坛秉承了"科技办会"的宗旨，从智慧服务、技术防疫、现场效应、云上论坛、交互体验等五大方面应用了近30个高新技术产品，使参会来宾们体验到全过程、全情景的技术应用，并亲身感受未来。

（3）2021年中关村平行论坛设置情况

- 全球知识产权保护与创新论坛
- 人工智能与多学科协同论坛
- 第五届中国—中东欧国家创新合作大会未来产业创新发展论坛
- 世界绿色设计论坛
- 区块链与数字经济发展论坛
- 开源创新发展论坛
- 多层次资本市场助力经济高质量发展论坛
- 全球科技创新高端智库论坛
- 金融科技论坛
- 第二届国际科学与生活健康论坛
- 中国北欧可持续发展与技术创新论坛

- 传染病防控与生物医药国际技术联合论坛
- 碳中和与绿色金融论坛
- 碳达峰碳中和科技论坛
- 第四届国际综合性科学研究中心会议
- 全球企业家创新论坛
- 量子科技发展与未来论坛
- 新加坡可持续未来与低碳创新论坛
- 智能+能源论坛
- 全球未来城市发展论坛
- 上合国家平行论坛（首届）
- 全球数字化应用与转型论坛

技术交易：
◇ 新技术新产品首发与推介大会
◇ 国际技术交易大会
◇ 技术交易即合作签约活动
◇ 数字化转型供需对接大会

前沿大赛：
- 中关村国际前沿科技创新大赛生物医药领域决赛
- 首届全球智能应急装备大赛颁奖礼
- 全球智能应急装备大赛
- 中关村国际前沿科技创新大赛集成电路领域决赛

（4）论坛亮点

一是全球创新思想、创新理念的交流平台。

中关村论坛将致力于构建国内外创新思维、技术创新理念的信息交流平台，新技术、新产品的研究引领平台，以及国内外最新科技、创新产品的信息发布交易平台。回顾过去，中关村论坛一直抓住时代脉搏，紧密关注着世界高新技术行业的发展领域、中国科技创新领域等国际热点话题，来自国内外科技创业领域的专家、学者和中国高新技术公司的高层管理人员，紧紧围绕着各国之间创新与优势资源互补、中国战略性高新兴产业的发展趋势等话题与同行们展开广泛的沟通与研究，以强化在科研创新、国际学术交流、创业投资和科技成果转移等方面的协作。

二是嘉宾中包括了学术、商界、政坛的知名人士。

中关村论坛嘉宾涵盖了学界、商界、政坛的知名人士。诺贝尔经济学奖得主詹姆斯·莫里斯，图灵奖得主巴特勒·莱普森，百度集团创办人、副总裁兼执行官李彦宏，美国纽约交易所名誉主席让·米歇尔·海瑟尔斯，创新工场创始人及执行官李开复，小米科技董事长雷军等中外知名科学家与企业家，以及时任政协副主席兼科学技术部部长万钢、全国政协教科文卫体委员会主任兼中关村论坛年会组委会主席徐冠华、北京市市长郭金龙等中国政府官员都曾出席历届主论坛并发表演讲。

三是全球化、综合型、开放式的科技创新高端国际论坛。

四是探索科技前沿话题，引领产业未来方向。

五是中关村黑科技集中亮相，引领科技时尚潮流。

（5）邀请专家

2021年邀请专家151名，其中境外专家52名，占比34.4%；

2020年邀请专家121名，其中境外专家49名，占比40.5%；

2019年邀请专家271名，其中境外专家107名，占比39.5%；

2018年邀请专家105名，其中境外专家36名，占比34.3%。

2. 金融街论坛——政府力量主导（以2021年为例）

金融街在我国金融领域具有重要地位，北京市具有国家金融管理中心的重要功能定位。金融街论坛成立于2012年，在国内金融业具有较高声望，堪称"中国金融改革发展风向标"之一。自2020年起，金融街论坛年会升格为国家级、国际性专业论坛，纳入北京市"两区""三平台"战略部署，成为北京市高质量发展和对外开放重要平台和专业品牌。金融街论坛见证了中国金融变革与发展的历史，已成为我国积极参与世界金融治理的发声平台、金融与实体经济良性互动平台、国家级金融政策宣传权威发布平台、国际金融交流合作平台。下面介绍2021金融街论坛年会情况。

（1）主办机构

2021金融街论坛年会由北京市人民政府、中国人民银行、新华通讯社、中国银行保险监督管理委员会、中国证券监督管理委员会、国家外汇管理局主办，北京市地方金融监督管理局、北京市西城区人民政府、北京金融街服务局承办，受金融街合作发展理事会部分成员机构等单位支持。运营机构为北京金融街服务中心有限公司。

(2) 交流主题

2021 金融街论坛年会主题为"经济韧性与金融作为"。近几年金融街论坛主题如表 3-11 所示。

表 3-11 近几年金融街论坛主题

年份	2021	2020	2019	2018	2017	2016
交流主题	经济韧性与金融作为	全球变局下的金融合作与变革	深化金融供给侧结构性改革，推动经济高质量发展	坚持稳中求进，促进经济和金融良性循环	全球经济变革下的金融改革与风险防控	新机遇、新金融、新发展

2021 金融街论坛年会设有"实体经济与金融服务""绿色发展与金融担当""双向开放与金融合作""数字经济与金融科技""治理体系与金融安全"等 5 个平行讲坛，共设定了 35 个话题。邀请中国投资有限责任公司、国家开发银行、中国工商银行、中国银行、中国建设银行、中国人寿股份、北京证券交易所、中信证券、亚洲金融合作协会、北京金融法院、清华五道口金融学院、国家金融与发展实验室等 23 家单位共同参加了议程筹划与讲坛实施。北京银行、国家开发银行、中国工商银行和中国光大银行给予论坛年会战略支持。平行论坛板块也从 2020 年的 4 个扩充至 5 个，特别加强了金融、法律等话题安排，并纳入"治理体系与金融安全"的平行板块。大会地点也由 2020 年的 5 个扩大至 6 个，在金科新区设有分会场。而大会整体议程及专场活动也由 2020 年的 32 个扩大至 41 个，增长了近 30%。

(3) 论坛亮点

一是聚焦 7 个议题，紧扣新发展理念。

紧扣正确把握新的发展阶段、进一步落实新发展理念、积极推进形成全新的发展战略布局形势需要，论坛议程设置主要围绕以下 7 个方面：

a. 论坛议题设置聚焦国际合作发展，专门设置"一带一路"、跨境投资、资本流动、市场互联互通等国际合作发展议题，围绕全球经济热点问题进行交流。

b. 聚焦服务实体经济，紧紧围绕提升金融服务实体经济发展根本，专项设定"金融服务技术创新助力推动制造业强国""推动普惠金融服务高质量快速发展""提升直接和投融资比例"等话题，为经济转型升级和高质量发展提供金融支撑。

c. 聚焦金融科技创新，合并举办第三届"成方科技论坛"与"数字经济与金融科技"平行论坛，扩展提升为全球金融科技峰会。在原有基础上举办创新大赛、洽商与对接等互动性活动，推动以更加开放的态度，加强国际科技交流与科技成果转化，更积极主动地融入全球创新网络，推进经济发展新动能培育，积极营造世界一流的创新生态。

d. 聚焦绿色转型发展，通过设置"金融支持绿色低碳发展""绿色金融支持生态文明发展与全球合作"等热门话题，围绕"气候变化和转型发展"召开一系列重要性金融组织会议。

e. 聚焦保障民生，设立"金融赋能乡村振兴"和"人口老龄化背景下的养老金融服务"等议题，邀请监管部门、国际知名学者与代表性机构共商探讨。

f. 聚焦"两区"建设，设置"蓬勃发展的区域开放与创新实践"议题，邀请上海、广东等自贸区或服务业扩大开放示范区重要省市交流互鉴，探讨更高水平利用国际经贸规则推动开放发展。

g. 聚焦金融法治保障，以北京金融法院成立为契机，设置多个金融法治相关议题，特别突出了金融实体经济本质与金融服务科技的创新发展。"实体经济与金融服务"平行板块共安排7场活动，涉及10个议题，来自实体企业的发言嘉宾较2020年增加3倍。"数字经济与金融科技"平行板块共设置了9场公益活动，涵盖11个话题。

二是全球化程度进一步提升。

2021金融街论坛年会的境外嘉宾总人数达到了140余人，较2020年增加130%，覆盖32个主要国家或地区。有境外演讲嘉宾参与的全球性议题比重占到近九成。德国前总理施罗德、法国前总理拉法兰等国际政要，世界银行、国际货币基金组织、国际清算银行、世界贸易组织、新开发银行等国际组织官员，主要国家央行、银行保险证券监管部门官员，世界主要证券交易所负责人，淡马锡、贝莱德、黑石、桥水等国际金融机构的领军人物，知名学者，各国头部金融机构代表，国际司法界及实体企业代表在3天的讨论流程中，采用视频连线及录播演讲的方式参加该论坛，以提供全球最新思想最新理念。

三是特色活动亮点更加突出。

7个专场活动：

➢ 全球系统重要性金融机构会议

➢ 金融街·论见十年暨愿景 2022 专场活动

➢ 愿景 2022 特别活动

➢ 京港交流活动（在香港设置异地分会场，以视频连线的方式围绕"人民币国际化"进行互动交流）

➢ 金融街发布

➢ 金融科技发布

➢ 监管政策分布

7 个边会及系列活动：

◇ 中韩日资产管理高峰论坛

◇ 双碳战略下低效楼宇提质增效国际峰会

◇ "国际视角下的中国 REITs 市场建设"闭门研讨会

◇ 文化艺术与金融创新专场

◇ 金融科技洽商对接会——共谋金科新区新发展

5 个专题展览：

❖ 红色金融历史展

❖ 冬奥数字人民币支付体验展

❖ 金融科技创新监管工具应用展

❖ 金融科技发展历程展

❖ 北京市各区特色金融展

3. 第 18 届 IEEE 混合与增强现实国际研讨会（ISMAR 2019）——民间力量为主

2019 年 10 月 14 日—18 日，第 18 届 IEEE 混合与增强现实国际研讨会在北京举行。IEEE ISMAR 是虚拟和混合现实领域顶级国际学术会议，旨在探索目前虚拟现实和增强现实应用领域的最近研究进展和未来发展规划。参加研讨会的有来自国内外的专家学者、工程技术人员，研讨会给他们提供了良好的交流机会。此次是该研讨会举办 20 余年来首次在我国召开。

（1）主办机构

ISMAR 研讨会由 IIEEE 计算机分会、IEEE 可视化和图形专业委员会主办，北京图象图形学学会承办，北京市科协、北京理工大学、北京航空航天大学、中国虚拟现实与可视化产业技术创新战略联盟支持。

（2）交流主题

ISMAR 研讨会重点探讨混合虚拟现实和增强现实等应用领域的最新研究进展

和未来发展规划，会议主要内容涉及增强现实与混合现实中的渲染及可视化、显示及输入设备、跟踪及姿态估计、交互方法、用户界面与人类因素、系统应用等。

（3）论坛亮点

研讨会期间，进行了 50 多场学术报告、6 场次专业讲座、100 余幅海报展览、20 多项研究成果介绍、1 个 SLAM 挑战赛、1 场博士生讲坛、3 场次辅导课、1 场技术应用展览，吸引了近 500 位国内外科学界与工业界专业人士的参加，其中国外参会人员近 300 人，分别来自美国、德国、法国、日本等国家。

表 3-12 列出了三种不同类型国际会议对比。

表 3-12 三种不同类型国际会议对比

案例	性质	主办机构	主题	论坛亮点
中关村论坛（以 2021 年为例）	半官半民性质	科学技术部、中国科学院、中国科协、北京市人民政府	以"创新与发展"为永久主题，聚焦国际科技创新前沿和热点问题，每年设置不同议题。2021 年主题：智慧·健康·碳中和	（1）全球创新思想、创新理念的交流平台；（2）嘉宾囊括了学界、商界、政界知名人士；（3）全球化、综合型、开放式的科技创新高端国际论坛；（4）探索科技前沿话题，引领产业未来方向；（5）中关村黑科技集中亮相，引领科技时尚潮流
金融街论坛（以 2021 年为例）	政府力量主导	北京市人民政府、中国人民银行、新华通讯社、中国银行保险监督管理委员会、中国证券监督管理委员会、国家外汇管理局	2021 主题为"经济韧性与金融作为"，下设"实体经济与金融服务""绿色发展与金融担当""双向开放与金融合作""数字经济与金融科技""治理体系与金融安全"5 个平行论坛	（1）论坛聚焦 7 个议题，紧扣新发展理念（2）全球化程度进一步提升；（3）特色活动亮点更加突出

续表

案例	性质	主办机构	主题	论坛亮点
第18届IEEE混合与增强现实国际研讨会	民间力量为主	IIEEE计算机分会、IEEE可视化和图形专业委员会	探讨混合现实与增强现实领域的最新研究进展和未来发展规划，主要内容涉及增强现实与混合现实中的渲染及可视化、显示及输入设备、跟踪及姿态估计、交互方法、用户界面与人类因素、系统应用等	（1）吸引了近500位国内外学术界和工业界专业人士参会，关注程度极高；（2）境外参会人员多，来自美国、德国、法国、日本、韩国等国的人员近300人

4. 北京国际城市科学节联盟年会

2021年9月17日—20日，由北京市科协、北京科普发展与研究中心、北京科技国际交流中心、北京国际城市科学节联盟、北京科学教育馆协会承办的2021北京国际城市科学节联盟年会暨第八届北京国际科学节圆桌会在北京举行。

北京市科协副主任、北京国际城市科学节联盟总干事、北京科学教育馆协会常务副理事长陈维成，北京科普发展与研究中心副主任（主持工作）、北京国际城市科学节联盟副总干事付萌萌出席会议，联合国教科文组织驻华代表处主任夏泽瀚、国际科学教育学会理事会主席张宝辉、欧洲科学参与协会主席茜茜·阿斯克沃、亚太科学与科技馆联盟主席林直明等中外科学传播机构代表及专家"云端"参会。北京国际城市科学节联盟在北京市科协指导下，充分发挥国际科学传播共同体作用，搭建了不同国家、地区、组织间科普创新与发展的桥梁和纽带。会上国际科学教育学会理事会、北京科学教育馆协会、泰国国家科技馆、北京科普发展与研究中心、清华大学出版社、世界科学出版社等单位签订协议、开展务实合作。北京国际城市科学节联盟年会期间，先后举办了4场科学传播专题论坛，以"新形势下科学传播的创新与发展""跨文化视角下的科普理念与实践""科学传播与公众参与""开放科学与科学教育"为主题，与12个国家21家科普机构43名中外专家开展交流研讨，在思想碰撞、经验共享中，共同探索发挥各自优势和作用，服务和促进世界公众科学素质提升。

5. 国际工程科技人才高端对话活动

在2021年中国第5个"全国科技工作者日"即将到来之际，结合中国科协"开放发展年"的主题，于2021年5月26日，由北京市科协发起，北京科技咨询中心与北京工程师学会承办的"国际工程科技人才高端对话活动"通过线上线下结合形式成功举办。本次对话活动以"工程科技人才"为主题，旨在团结和引领首都地区工程科技人才积极参与实施技术创新跨越工程，加强全球科技创新合作，促进互信互认。活动邀请亚太工程组织联合会、地中海国家工程师协会、经济合作组织科学基金会、巴基斯坦工程理事会、英国工程技术学会、意大利坎帕尼亚大区研究与创新创业部等机构负责人及推荐代表与国内工程界、企业界代表展开互动交流。作为此次大会成果，参与各方就加强国际工程科技交流合作已取得了三点共识：一是建立要素融合，开放融通的工程创新资源共享平台，推进工程创新资源共建共享共用；二是建设创新驱动高质量发展的工程创新协同网络，围绕下一代信息化、新能源汽车等新型战略性产业领域，开展产学融合对话，引导创新产品和工程研发能力跨境输出；三是助力国际工程科技人才的互信互认机制。大家一致表示要携手努力，积极主动参与全球科技治理，为实现全球可持续发展目标贡献工程力量。

第四章 国际学术交流中心典型案例研究

典型案例筛选路径：一是以科学交流合作中心和学会等举办的国际学术交流为主的重点机构，如美国科学促进会、DAAD、AEIC、中国国际科技交流中心、亚斯特国际理论物理中心、中国科协系统、深圳市科技开发交流中心；二是以国家科学中心、科学城、科学园区为空间位置的国际学术交流中心，因为学术交流多的主体、资源、人才一般都聚焦在这些地区，如美国硅谷、北卡三角科学园、日本筑波科学城、合肥综合性国家科学中心、德国慕尼黑高科技工业园、北京怀柔综合性国家科学中心、英国伦敦东区科技城、上海张江综合性国家科学中心、深圳综合性国家科学中心等。

4.1 以组织机构和学协会为载体的国际学术交流中心

4.1.1 国外主要的国际学术交流中心

1. 美国科学促进会

美国科学促进会（American Association for the Advancement of Science，AAAS）创立于1848年，是当今世界上最大的科学研究与工程技术社团联盟，同时也是规模最大的非营利性科技组织，共设有21个学科分支，所涉及的专业领域有数学、化学、天文、物理、地理、生物等自然科学与社会科学。AAAS一直以来都十分重视科学技术外交工作，在2008年7月15日设立了科学外交中心，旨在以国际科学技术合作为手段推动世界各国之间的相互理解与共同繁荣，同时鼓励并帮助科研人员更好地充分发挥桥梁建设者的功能，以构建国际科学家合作和外交领域持久而全面的发展伙伴关系。目前AAAS已有265个分会和1 000万成员。其年会是科学家的重大集会，近年来，每个年会都能引来数千位科学家和上千名科研记者的参与。AAAS还是《科学》杂志的主办者、出版者。《科学》杂志是全球发行量最高的具备同行评议能力的综合科学技术杂志，读者数量超过百万。

AAAS是美国最古老的科学协会之一，提供了独特的、令人兴奋的、多学科融合的120多场科学会议，包含全体会议、专题讲座、专门研讨会、快闪会议（Flash Talk Sessions）、电子海报展示和国际展览厅。每年，由顶尖科学家、教育工作者、政策制定者和记者聚集在一起，讨论科学、技术和政策的前沿发展。

（1）以科学外交中心为平台，为各个国家的科学家、政策制定者及有关群体创造了沟通合作的平台，在世界科学家间搭建了桥梁

AAAS在过去10年间科学外交战略重点的转变，可以区分为以下四个阶段：

第一阶段（2008—2011年）：突出全球化时期国家和世界科学合作的重要性。

这几年，科学外交中心在报告中的重要文章题目都是"世界范围内的AAAS"。报告指出，在经济全球化时期，全球国家间联络越来越密切，遇到的许多重大问题都带有全球化特征，因此世界科学联合在处理当前世界所遇到的重大问题领域方面可以起到很大的作用。2008年度的报告认为，AAAS要增强国家同全球国内外重要行业和公司内部的联络，增强国际科研与教学力量，积极推进国际科学联合蓬勃发展。2009年度的报告认为，促进全球科学合作，进一步发展国家同世界科学家相互之间的友好关系，积极推进全球各个大国联合一起处理当今世界上的主要挑战。2010年度的报告认为，当前遇到的重要机遇与重大挑战都带有全球化的特征，而其原因以及处理方式都离不开科学，科学协作将有助于促进各方彼此间的相互了解。2011年度的报告认为，合作项目和建立共同标准是有效解决当前世界所遇到的主要挑战（如气候变化和全球卫生问题）的关键手段，强调面对挑战，应进一步发展基于科技的解决方案，并促进国家间的相互理解。

第二阶段（2012—2013年）：更加重视全球科学技术合作对于完善全球伙伴关系的重要意义。

2012年度的报告认为，AAAS在全球活动的另一个主要焦点就是新兴的科学外交领域。世界科学家们在跨越国界展开交流合作时，不但在科学技术领域上会获得创新突破，而且全球人际关系也会有所改变。因此即便在世界各国之间外交与政治关系紧张的状况下，AAAS关于科学技术参与领域的战略规划，也有利于世界科学家之间因为共同的利益追求而展开协作，从而提高全球民众的科学生活。2013年，AAAS通过同国内外的科学家和政策制定者取得联系，推动了许多国际协作，包括协调对朝鲜火山的监测，召集世界各国的专家一起研究通过新科技方法处理环境资源问题，等等。

第三阶段（2014—2015年）：加强跨领域的国际参与和区域协作。

2014年度报告认为，利用新科学技术手段处理全球社会问题是AAAS工作的一项主要内容。由于最严重的社会挑战和其解决办法通常都是地区性的，又或者是国际性的，因此AAAS支持发展中国家科学和技术的创新，并提供以跨境方式合作来处理共同的挑战，利用这种能力就可以有效推动全球的科研协作。2015年，AAAS通过推动科学与工程技术的应用，解决跨领域和跨学科的发展问题，建立了一个新型的全球伙伴关系，并支持国际科技合作，鼓励发展中国家的科技创新。同时，AAAS还共享了科技与对外培训的资源，建立以科学与工程学为桥梁的国际外交与创新平台。

第四阶段（2016—2017年）：强调国际合作中科学家的个人角色。

2016年，AAAS培训和引导科学家参与政策制定、倡导新科技理念，国际和安全事务办公室、科学外交中心培养研究人员开展国际科学合作和个人交流。2017年，AAAS努力促进全球科技合作伙伴与研发人员之间的互动，并产生了新的研究结果，这不仅推动了国际科技交流，同时也增进了政府合作和公民福祉。

（2）举办科学外交会议

AAAS科学外交中心将不断地通过推动全球参与来促进国际合作研究，以便将合作各方团结在一起解决更加复杂的全球问题。2015年4月，在AAAS总部举行的首届年度科学外交会议上，AAAS首席执行官拉什·霍尔特发表演讲时说："科学的原则是透明、开放式交流和循证思维，对化解困境、突破障碍和发展关系大有裨益。"该大会共有逾200人参与，包括美国国务院和其他联邦机构、发展中国家科学院、联合国教科文组织和古巴科学院等机构的代表。大会小组成员们探讨了霍乱疫情、生物多样性丧失，以及气候等影响公众和环境健康的重大问题。与会人士也指出，在当前政治紧张的时代，跨界协作与资讯共享十分必要。

2017—2021年AAAS年会情况如表4-1所示。

表4-1 2017—2021年AAAS年会情况

年度	主题	举办地点	重要人物或者专家	涉及的领域	管理机构	会议形式
2021	Understanding Dynamic Ecosystems（了解动态生态系统）	线上视频	Anthony Fauci、Claire Fraser、Ruha Benjamin、Mary L Gray 和 Sethuraman Panchanathan	人工智能、语言学、移民、新冠、数字制造等	AAAS科学计划委员会	线上视频

续表

年度	主题	举办地点	重要人物或者专家	涉及的领域	管理机构	会议形式
2020	Envisioning Tomorrow's Earth（展望明天的地球）	华盛顿州西雅图	Steven Chu	公众参与	AAAS科学计划委员会	
2019	Science Transcending Boundaries（科学超越界限）	华盛顿特区	Becky Ham、Andrea Korte、Kathleen O'Neil、Adam D. Cohen、Earl Lane	科学界、科学传播	AAAS科学计划委员会	
2018	Advancing Science：Discovery to Application（推进科学：从发现到应用）	奥斯汀			AAAS科学计划委员会	
2017	Serving Society Through Science Policy（以科学政策服务社会）	波士顿	Barbara Schaal	社会科学、政治科学、政府、公共政策、科学政策	AAAS科学计划委员会	

（3）举办全球性科技创新竞赛

2011年，美国国务院启动了全球科技创新（GIST）倡议，以帮助发展中国家的科学创新。2015年7月，GIST Tech-I 比赛在肯尼亚首都内罗毕举办。该比赛由 AAAS 国际安全事务办公室和研究竞争力项目（Research Competitiveness Program）共同举办。申请该项目的参赛者需要先通过非常激烈、多步骤的筛选方可进入决赛，随后将受到来自行业、政府资助组织以及其他领域领军人物的训练与辅导。来自23个发展中国家的近30人共同争夺了13个获奖名额，赢得近14万美元的现金奖品。决赛作为中国企业家论坛的主要部分，美国奥巴马主席曾访问了这个论坛。AAAS 管理的创新者国际竞赛帮助企业家在博茨瓦纳（Botswana）开发低成本的太阳能助听器，以及柠檬草衍生化合物，用以保护储存的农作物不受昆虫侵害，同时也成了鼓励发展中国家技术创新的典范。2015年，美国国务院的统计表明，将发明商业化的 GIST 参赛者已经带来了约1.1亿美元的收入。

（4）举办世界科学论坛

1999年6月26日—7月1日，在匈牙利布达佩斯召开了举世闻名的"二十一世纪科学世界会议：新的承诺"。受到大会的激励，匈牙利科学院（The Hungarian Academy of Sciences）与联合国教科文组织、国际科学理事会（International Council for Science，ICSU）和 AAAS 合作，组织了许多后续活动，被称为世界科学论坛（World Science Forum）。第一届世界科学论坛于 2003 年 11 月 8 日—10 日召开。在 2011 年世界科学论坛上，部分世界上最受尊重的科学学者和政府领导人强调，中国必须协调世界的科研力量应付地方和全球挑战。2013 年里约热内卢世界科学论坛上，与会者认为，全球合作的成功案例已经证明了健康科学外交可以应付地方和区域的卫生挑战，科学外交也在世界卫生、科技政策和外交政策中起到了关键作用。另外，国际合作的成功事例也透露出了一个成功科研外交的重要准则，就是确保国际合作中的每个参加者都是完全合作者，他们专注于本区域的实际问题，并寻找办法解决所代表各国之间的资源差异，以及对科研伦理、知识产权、出版或访问等问题形成共同的规范和价值理念。随着世界科学研究格局不断快速变化，尤其是亚洲和发达国家越来越重视科研力量建设，科学研究人才总量也日渐增加，与会者要求在科研伦理、教育、同行评价以及知识产权等方面形成一致规范，增加科研人员的流动性和研发费用，并解决包括卫生、能源以及环保方面的棘手问题。

（5）美国科学促进会荣誉院士

美国科学促进会院士是由杰出的科学家、工程师和创新者组成的骨干队伍，他们在研究、教学和技术、学术、工业和政府的管理以及向公众传播和解释科学方面的卓越成就得到了认可。按照 1874 年的传统，这些人每年由美国科学促进会理事会选出。新当选的学友会在美国科学促进会年度会议上举行的学友典礼论坛上因其非凡成就而受到表彰。合格的被提名者是那些代表科学或为其应用在科学或社会上而做出努力的是杰出的，并且在提名年之前至少连续 4 年是 AAAS 成员的成员。获奖者包括托马斯·爱迪生、W.E.B·杜波依斯、玛丽亚·米切尔、朱棣文、艾伦·奥乔亚和欧文·雅各布斯。

2. 德国学术交流中心

自成立以来，DAAD 已为 200 余万名国内外学者提供了资助。它是一个德国高校和学生团体的联盟，日常工作范围已经远远超出奖学金的范畴：DAAD 促进德国高校的国际化，加强日耳曼文学和德语在海外的研究，支持发展中国家建立高绩效大学,并为教育、对外科学以及发展政策的决策者们提供建议。预算资金的主要来源为各个部的联邦资金,特别是外交部、欧盟以及公司、组织和外国政府。

(1) 全球各地的 DAAD 代表处

DAAD 的总部坐落于德国波恩,并在柏林设有代表处,著名的柏林艺术家项目也归属这里。在 60 多个国家设立的代表处和信息中心(IC)所组成的联络网保持了与各大洲主要伙伴国家的联系,并在当地提供咨询。

(2) 为优秀人才提供奖学金

在长期对优秀学生和科学家成功资助的基础上,DAAD 计划储备未来的专家和管理人员,并与整个世界建立持久的联系。DAAD 希望更多地支持其奖学金生及校友建立专业和文化的网络。

(3) 世界开放型结构

DAAD 将这样制订自己的计划,以便大学可以利用它们来实施各自的国际化战略:为了保持德国作为国际学生主要留学目的地的领先地位,截至 2020 年,应有 35 万外国学生前往德国;他们的学习成绩应该达到与当地人相同水平;1/2 的德国大学毕业生应当在学习期间拥有国外求学经历。DAAD 一直致力于将德语作为科学语言,并在各地倡导多语言。DAAD 还参与了欧洲高等教育和研究领域的塑造。

(4) 科学合作的知识

DAAD 日常工作是基于全球高校合作和科学系统结构的全面及差异化的知识信息的。DAAD 可以借此对其富有专业经验的工作人员、全球开设的代表处、信息中心和讲师进行支持。这些知识不断更新,也可供战略决策的执行者使用。在这些知识的基础上,DAAD 还将更加发挥其作为科学系统国际化催化剂的作用。

早在 20 世纪 70 时代末期,DAAD 就和我国教育部确立了合作关系。按照德、中两国政府的联合约定,1994 年秋在北京成立了代表处,其主要合作方为中国教育部、中国国家留学基金管理委员会及中方国内的高等院校和其他教育、学术组织。DAAD 在我国设立了驻京办公室,并先后在上海、广州、香港和台湾建立了信息中心,而且还向国内高等院校共派驻了 36 名大学讲师。

4.1.2 国内主要的国际学术交流中心

1. 浙江省 5 家国际学术交流中心

为了在浙江建立"重要窗口"展现科学技术协会作为,通过全球化为智库、学术、科普赋能，浙江省科协与中国国际科技交流中心共同展开国际学术交流中心的建设项目。前期，经过全国各地的推荐申请与评估，认定了嘉兴"天鹅湖国际学术交流中心"、杭州"湘湖国际学术交流中心"、温州"瓯江国际学术交流中心"、宁波"东钱湖国际学术交流中心"、湖州"南太湖国际学术交流中心"等5家单位为首批建设单位，并授牌。首批5家国际学术交流中心将关注国际科学技术最前沿和未来产业发展，紧密结合地区需求，促进国内外"高精尖缺"专业技术人员的交流与互动，启迪人类新思想、展示新技术、共享新产品，真正形成服务科技经济深度融合的网络平台。

（1）湘湖国际学术交流中心

管理机构：中国科协（中国国际科技交流中心）、浙江省科协。

物理空间：湘湖院士岛（如图4-1所示）。

图4-1 湘湖院士岛外景

（图片来源网络）

运行模式：以"企业为主体、市场为导向、政府搭平台"的产学研深度融合的运营架构。

功能定位：按照"一核、四块、一片区"的整体规划原则，为人才企业提供从初创期、孵化器、高成长期、产业化的完整生命周期的创业空间保障。

依托载体：依托湘湖高新技术应用研究院的科技创新基础，以产业需求为导向，打造湘湖国际学术交流中心。

湘湖高新技术应用研究院（湘湖院士岛），践行将"最美的风景"留给"最美好的未来"，通过落实高端人才驱动、创业团队带动、产学研联动策略，将湘湖产业科技创新资源加速集聚,通过与浙江大学、西湖大学等科研院所的深度合作,逐步形成了产、学、研协同的创新体系。

自 2019 年以来,已引进和集聚国内外院士专家 15 名,引进高层次项目 16 个,开展企业合作项目 9 个,集聚专家团队人才 150 余名,开展各类国际国内交流活动 50 余场。

授牌后,湘湖院士岛将按照"一核、四块、一片区"的整体规划,为中小企业提供了从初创期、孵化器、高成长期到产业化的完整生命周期的人才培养创业空间保障。秉承"卓研创新、跨界协同、开放共享"的核心理念,以数字经济、生命健康、智慧制造业、材料等国家战略性新产业为未来发展重心,围绕搭建平台、营造产业生态化、培养中小企业、赋能产业;坚持以产业需求为导向,积极构建"政府+中小企业""科学家+企业家"等多方参与的协同创新机制,探索建立以"中小企业为主导、市场为导向、政府搭平台"的产学研深度融合的运营架构。加快集聚科技创新领域优质资源,广泛集聚全球高端人才团队,开展关键技术集成创新与转化。

(2)南太湖国际学术交流中心

管理机构:中国科协(中国国际科技交流中心)、浙江省科协。

物理空间:南太湖新区(如图 4-2 所示)。

图 4-2 南太湖新区外景

(图片来源网络)

依托载体:湖州市融入长三角一体化国家战略、深度参与 G60 科创大走廊建设,以全省四大湾区之一的南太湖新区长三角人才创业港为主体,打造南太湖国际学术交流中心。

南太湖国际学术交流中心位于长三角人才创业港,建筑面积约 7.8 万平方米，涵盖综合服务、项目路演、融资洽谈、人才培训等10多项科技人才服务功能。中心不仅拥有全球路演中心、国家报告厅、海外视频中心等硬件设施，还具备一系列软件配套设施，采取"线上+线下"方式，为科技创新、人才创业提供"一站式""全链条"服务，满足科技人才服务个性化需求。

截至2020年年底，南太湖新区已引育来自国内外高层次人才1 200多名，引育国家级人才78名（自主培育15名），省级高层次人才专家118名（自主培育35名），院士专家15名，参与创办各类科技型企业180多家，申请专利2 000多件。

当地将通过建立该中心，进一步落实国家创新能力核心驱动战略，着力打造以科学技术、人力资源为创新发展的催生新动力，增强人才创新能力优势，进一步革新人才服务理念，创优新目标服务模式、创亮服务品质，全力形成人才市场化发展的全链条性科技人才服务新机制。

《湖州南太湖新区发展"十四五"规划（2021—2025年）》提出构建多元化人才服务体系，高质量推进省级国际学术交流中心建设，筹划举办南太湖国际人才学术交流系列活动，建立健全国际人才交流服务机制，推动长三角人力资源服务中心全面升级提质，深化人才创新创业全周期"一件事"改革，打造高层次人才创新创业"绿色通道"。

（3）东钱湖国际学术交流中心

管理机构：中国科协（中国国际科技交流中心）、浙江省科协。

物理空间：鄞州区东钱湖大堰区块。

功能定位：创智钱湖，打造高标准、全链式智力高地。

依托载体：宁波市以创智发展为引领，结合战略性新兴产业，融合宁波院士资源，打造全球领域、国际层级的东钱湖国际学术交流中心。

东钱湖院士之家包括义乌森山健康小镇、萧山湘湖院士岛、宁波东钱湖院士之家、莫干山院士之家、柯桥院士小镇、乌镇院士之家、钱江源院士之家、仙居院士之家八家单位，为第一批"浙江院士之家"（如图4-3所示）。

东钱湖院士之家是宁波市"院士之家青英荟"的重要组成，以"创智钱湖"为发展定位，集聚顶尖人才智力，从需求出发、向问题发力，积极衔接战略性新兴产业，高效服务产业转化、科技提升和创新，切实发挥院士之家在"产、学、研、创、联、居、养"等方面的核心作用，全面展现以"创智"为引领的国际化人才发展新姿态。

图 4-3　东钱湖院士之家落成典礼

（图片来源网络）

东钱湖院士之家的建筑核心取址于东钱湖陶公山南麓，由原宁波师范学院改建而成，在保持原有建筑风格、遵循传统文脉的基础上，将学术综合楼、设计研发楼、陶工讲堂、访客中心等四个主体建筑通过景观连廊相互延展相连，形成了搭载工作创新中心、人才交流开发中心、咨询培训中心、企业孵化共创中心、城市智控中心、康养休闲中心等多个平台的高端智力创新综合体。

东钱湖院士之家以唤醒乡情、引智回归为主题，开展中科院院士团队，甬籍院士团队等多批次院士"钱湖行"，累计组织开展"院士行"、决策咨询、学习研讨、文化传播等各类活动 26 次；积极为平台、企业等单位与院士合作牵线搭桥，聘任 9 名院士专家为宁波城南智创大走廊"院士专家顾问团"，其中邱贵兴、陈桂林、褚君浩等院士与龙泰医疗、华仪宁创、沧海建设等企业达成项目合作，实现关键技术攻关；徐志磊院士联手中物九鼎推动高纯核磁用检测试剂——氘代试剂项目完成科研成果转化；累计引进院士专家团队项目 7 个，基本达成合作意向项目 5 个，与超百名专家人才建立日常联系。

东钱湖院士之家将积极发展"集智""创智""联智"等功能，全力以赴建设百家荟萃的智慧高地、思想与人文情感回归的品格精神家园、启智鸿蒙的科普地标、创新储能的研发阵地、产业提级的发展引擎，努力成为立足宁波、服务杭州、辐射长江三角洲、面向海内外的院士之家建设示范标杆。

(4) 瓯江国际学术交流中心

管理机构：中国科协（中国国际科技交流中心）、浙江省科协。

物理空间：温州市瓯海区南白象街道学府北路中国基因药谷。

功能定位：成为立足温州、辐射浙南的标杆型"智慧集散中心""高端成果输送大脑"。

依托载体：高教园区生命健康小镇、温州健康产业创新中心为主体，挖掘园区高校院所科创资源富集的辐射带动效应，建设"瓯江国际学术交流中心"。

瓯江国际学术交流中心位于生命健康小镇中国基因药谷启动区，总占地近5 000平方米，共投入资金3 000多万元。中心围绕全球生命健康的科技前沿与未来产业，重点设定了国际学术会议中心、产业孵化中心和协同创新中心，将建设成具有国内外学术交流、海外人才培养与互访、科技前沿发布、决策咨询服务、科学文化传播核心功能的学术交流中心，集聚一批领军人才，进驻一批学术资源，落地一批高能平台，转化一批高端成果，成为立足温州、辐射浙南的标杆型"智慧集散中心""高端成果输送大脑"。

国际学术会议中心（如图4-4所示）除设有中央展馆、贵宾接待厅、休闲室等之外，还设有"两厅七室"。周围1 000米之内，布置了若干个符合千人以上开会要求的大会议厅，综合容量至少为8 000人集中开会，以满足国际化的大规模会议要求。

图4-4 国际学术会议中心
（图片来源网络）

国际协同创新中心作为"学府支撑—学术会务—头脑风暴—成果溢出"的后端链条打造，为协同研发提供全方位场地保障。

国际产业孵化中心为学术融入地方产业发展提供产业化硬件支持。

瓯之韵·院士之家位于中国基因药谷启动区 A 栋七楼，总建筑面积 15 万多平方米，总投入 10 亿多元，由学术交流中心、协同创新中心、产业孵化中心、休假疗养基地等四个部门构成，集国际交流、学术研究、成果转化、项目管理引进、文化宣传、决策咨询服务、联谊度假等功能于一身。

瓯江国际学术交流中心依托温州市高教新区进行建设，学术资源高度集聚。高教新区现聚集着 7 所院校，合计约 8 万师生，共设有硕博授予点 93 个，省、部重点学科 74 个，国家、省部级重点实验室 32 个，共有教师 8 000 余人，对学术交流中心使用需求庞大。随着校地融合步伐的全面加快，建设一个"校地共享、融合发展"的国际学术交流中心是促进校地加速融合发展的重要举措，也是填补校地双方共同需求的平台。瓯江国际学术交流中心将全面拉近校地空间距离、加速成果溢出，为校地双方汇集智力资源。

瓯江国际学术交流中心投用至今，已成功举办世界青年领导力研讨会、温州全球精英创新创业大赛生命健康行业赛生物医药专场总决赛、首届生物药物与分子调控瓯江论坛暨之江科技论坛生长因子与疾病峰会、第五届干细胞组织治疗与再生医学高峰论坛、第二届创面修复实用技术交流会等多场学术交流会议，激荡思想火花、凝聚智慧力量，为科技创新发展注入强大的动力。

（5）天鹅湖国际学术交流中心

管理机构：中国科协（中国国际科技交流中心）、浙江省科协。

物理空间：嘉兴秀洲区天鹅湖未来科学城。

功能定位：推进各级行业学会与秀洲产业深度合作，促进人才、技术资源向秀洲集聚。

依托载体：以天鹅湖未来科学城项目为依托，引入智慧、安全、绿色的数字化概念，建设天鹅湖国际学术交流中心，并将其作为"科创中国"创新服务组织样板间建设的一项重要内容。

"科创中国"创新基地依托秀洲区"秀水新区"南城核心板块天鹅湖未来科学城，以"科创中国"为品牌，全面打造科经融合秀洲样板。中国科学技术协会全国首家"科创中国"创新基地将落户于天鹅湖未来科学城，包括麟湖智谷创新服务综合体和天鹅湖创新生态核心区，项目总体规划面积约 5.7 平方千米，主要聚焦嘉兴主导产业、战略性新兴产业和未来产业发展需求，引进国内外前沿科学技术、尖端科技人才和科技创新。创新培训基地的建立，将有效支持嘉兴市"科创中国"项目实施，进而为嘉兴建成"科创中国"的核心节点城市夯实基石。根据"社会组织平台化整合、服务团队专业性支持、供需对接市场化运作、科创中国品牌化落地实施"的工作思路，科创基地将形成高端智库、人才智引、资金智创、项目智教、国际合作智汇的五智联合体。目前，中国力学学会等 4 个国家级学会入驻。天鹅湖国际学术交流中心（如图 4-5 所示）被中国国际科技交流中心与浙江省科协认定为首批省级国际学术交流中心，推进各级行业学会与秀洲产业深度合作，促进人才、技术资源向秀洲集聚。2020 年年初开始，已对接省、市学会的专家共 26 人，已举办国际科技对接交流活动 16 个，为中小企业破解技术难题 61 个。

图 4-5　天鹅湖国际学术交流中心挂牌

（图片来源于网络）

2021 年，秀洲区政府全面推动天鹅湖国际学术交流中心建立，在完善硬件基础设施条件、建立相关功能区域之外，借鉴成熟区域经验，完善海外人才培养服务制度，利用各种途径同国内外学术研究机构实现互动，汇聚国内外高高端人才。

综上所述，5 家国际学术交流中心各具特色（如表 4-2 所示），作为科协工作的重要一环，有效支撑了"科创中国"在浙江落地。其经典做法如下：

表4-2 5家国际学术交流中心建设特征

机构	地理位置	依托载体	人才	领域	设施	运行模式	功能定位	战略规划	体制机制	管理机构	建设模式
湘湖国际学术交流中心	湘湖高新技术应用研究院	湘湖高新技术应用研究院科技创新基础	湘湖院士岛	数字经济、生命健康、智能制造、新材料等		"企业为主体、市场为导向、政府搭平台"的产学研深度融合的运营架构	按"一核、一块、四片区"的规划，为中小企业提供从初创期、孵化器到产业化的全生命周期的创新空间保障		坚持以产业需求为导向，积极构建"政府+企业"、"科学家+企业"等多方参与的协同创新机制	中国科协（中国国际科技交流中心）、浙江省科协	授牌
南太湖国际学术交流中心	南太湖新区	长三角人才创业港	南太湖新区已引育来自国内外高层次人才1 200多名		全球路演中心、国家报告厅、海外视频中心等	采取"线上+线下"方式，为科技创业人才提供"一站式"、"全链条"服务，满足科技人才服务个性化需求	湖州市融入长三角一体化国家战略，深度参与G60科创大走廊建设	《湖州南太湖新区发展"十四五"规划（2021—2025年）》	国际人才交流服务机制	中国科协（中国国际科技交流中心）、浙江省科协	授牌

第四章 国际学术交流中心典型案例研究　79

续表

机构	地理位置	依托载体	人才	领域	设施	运行模式	功能定位	战略规划	体制机制	管理机构	建设模式
瓯江国际学术交流中心	生命健康小镇中国基因药谷启动区	高教园区生命健康小镇、温州健康产业创新中心、高教新区资源	瓯之韵·院士之家	科技前沿	中心展厅、贵宾接待室、休息室、"两厅七室"		立足温州，辐射浙南的标杆型"智慧集散中心""高端成果输送大脑"			中国科协（中国国际科技交流中心）、浙江省科协	授牌
东钱湖国际学术交流中心	鄞州区东钱湖大堰区块	东钱湖院士之家	东钱湖院士之家	战略性新兴产业	学术综合楼、设计研发楼、陶工讲堂、访客中心		创智钱湖，打造高标准、全链式智力高地			中国科协（中国国际科技交流中心）、浙江省科协	授牌
天鹅湖国际学术交流中心	嘉兴秀洲区天鹅湖未来科学城	天鹅湖未来科学城项目		聚焦嘉兴市主导产业、战略性新兴产业和未来产业发展需求		院士讲坛、项目路演、科技沙龙等活动	推进各级学会行业与秀洲产业深度合作，促进人才、技术资源向秀洲集聚	健全海外人才服务机制，通过各类海内外学术研究组织进行对接，聚集海内外高层次人才	长效联络机制	中国科协（中国国际科技交流中心）、浙江省科协	授牌

一是以院士岛为依托，广泛集聚全球高端人才团队，为国际学术交流提供思想源泉。院士是塔尖上的人才，是学术交流的引领者。湘湖院士岛以高端人才驱动、创业团队带动、产学研联动策略为抓手，已引进和集聚国内外院士专家15名，集聚专家团队人才150余名，开展各类国际国内交流活动50余场，为人才企业提供从初创期、孵化器、成长期、产业化的全生命周期的创新空间保障。通过与浙江大学、西湖大学等科研院所的深度合作，逐步形成了产、学、研协同的创新体系，助推湘湖产业科技创新资源加速集聚。坚持以产业需求为导向，积极构建"政府+企业""科学家+企业家"等多方参与的协同创新机制，建立了以"企业为主体、市场为导向、政府搭平台"的产学研深度融合的运营架构。此外，东钱湖国际学术交流中心以创智发展为引领，融合宁波院士资源，打造全领域、全链式、高标准的国际学术交流中心。

二是以地理位置优势，多元化、全方位的软硬件配套设施，为国际学术交流提供创新土壤。南太湖国际学术交流中心设立于长三角人才创业港，不仅拥有全球路演中心、国际学术报告厅、海外视频中心等硬件设施，还具备一系列软件配套设施，采取"线上+线下"方式，为科技创新、学术交流提供"一站式""全链条"服务，满足科技人才服务个性化需求。另外，设置了人才科技服务一件事专窗以及城市书房、留日人才之家等配套设施，举办南太湖国际人才学术交流系列活动，多元化人才服务体系，健全国际人才交流服务机制，高质量推进国际学术交流中心建设。

三是以智慧化、多样化的学术交流推动学术创新与科技创新协同发展。温州市瓯江国际学术交流中心作为立足温州、辐射浙南的标杆型"智慧集散中心""高端成果输送大脑"，兼具国内外学术交流、国际人才互访、科技前沿发布、决策咨询服务、科学文化传播核心功能的学术交流中心。聚焦生命健康科技前沿和未来产业，主要设置国际学术会议中心、国际协同创新中心和国际产业孵化中心。国际学术会议中心集学术研讨、项目引进、成果转化、国际交流、文化传播等功能为一体；国际协同创新中心作为"学府支撑—学术会务—头脑风暴—成果溢出"的后端链条，为协同创新提供全方位场地保障；国际产业孵化中心为学术融入地方产业发展提供产业化硬件支持。

四是以重大项目为牵引，推进国际学术交流中心建设。天鹅湖国际学术交流中心建设以天鹅湖未来科学城项目为依托，引入智慧、安全、绿色的数字化概念，并作为"科创中国"创新服务组织样板间建设的一项重要内容。除完善硬件设施条件、建设配套功能区域外,借鉴成功地区经验,健全海外人才服务机制,通过各类渠道同海内外学术研究组织进行对接,聚集海内外高层次人才。搭建协同创新公共服务平台,开展院士讲坛、项目路演、科技沙龙等活动,形成长效联络机制,为秀洲科技产业发展提供人才保障和技术支撑。

从中梳理出国际学术交流中心建设核心要素:

一是聚焦前沿领域;二是院墙人才集聚;三是国家战略;四是重大项目;五是聚焦前沿领域;六是科技创新引领;七是国际合作;八是长效机制。

6. 中国国际科技交流中心

中国国际科技交流中心是中国科协直属公益二类事业单位。根据中央编办的批复,中国国际科技交流中心主要承担中国科协与国际组织、科技团体开展相关学术交流,以及科学家在国际民间科技组织任职或参与相关国际组织活动等方面的事务性工作,参与联合国经社理事会咨商组织国际交流服务工作。

中国国际科技交流中心始终以习近平新时代中国特色社会主义理论为指南,坚决贯彻执行党组、书记处以国际化科普、学术、智库产业赋能的要求,主动围绕中央、服务大局,着力构建促进对外科技人文交流、助力国际技术贸易、打造科技外交智库三大业务板块,组织实施"十百千万"行动取得务实成效,在服务构建人类命运共同体方面拓展了新空间、作出了新贡献。

在推动我国对外科技人文交流方面,中国国际科技交流中心将坚持高标准、高效率、高质量地完成中央机关及政府部门委托的所有业务,重点涉及国际组织管理能力提高专项、"一带一路"与全球科学研究机构协作平台共建专项、联合国咨商委员工作办公室、全球科学技术理事会中方委员秘书处、灾害风险综合研究计划中国委员会秘书处、中国—瑞典抗击新冠肺炎疫情联合行动计划秘书处、中外科学家高层战略对话、中国科协外事礼宾翻译服务等,为科协系统国际化工作做好坚实保障。

在助力国际技术贸易方面,中国国际科技交流中心积极探索"云模式"推动"科创中国"国际技术贸易服务精准落地,主要包括打造国际技术贸易服务品牌活动、组织高水平国际技术路演、构建国际技术贸易联盟、开展国际技术转移经理人培训、支持有条件的试点城市建设国际研发社区、开展"海外创业者中国行"活动、发布全球技术转移百佳案例,深度服务"科创中国"品牌建设。

(1) 国际学术交流中心建设

中国国际科技交流中心围绕"科创中国"的平台构建,结合试点城市,充分发挥浙江五市的国际学术交流中心的主要功能，把国际学术交流中心构建作为服务于本区域、纳入全国科学创新协同网络的主要枢纽，有效利用活动、平台、载体、机构为区域内引进技术资源、人员资源、信息和资本资源。双方在未来合作中紧扣区域发展趋势，在双边科技交流中实现重大突破，并结合当前国际形势，共同策划相应交流活动，充分发挥科协的组织优势，积极融入全球国际科技创新合作网络，通过建团队、建制度、搭平台，形成引领高科技产业领域对外开放的时代风向标。

（2）国际学术交流会议建设

中国国际科技会议中心成立后，坚持围绕中央、服务大局，在中心党组、书记处的带领下，以承办、协办国际会议为主要抓手，开展了大量民间科技人文交流工作，在不同发展阶段形成了标志性的亮点。

在中国科协三大期间（1986—1990年），主要是深化与国际科技组织合作，并召开了国际氢能讨论会、国际烧伤会议、国际生态学术讨论会等重要会议。

在中国科协四大期间（1991—1995年），主要是向日本和德国派遣应用技术交流人才，并召开国际昆虫学大会、国际统计学大会等重要会议。

在中国科协五大期间（1996—2000年），主要是承担外国专家局开展大量短期出国人员培训，并召开国际宇航联大会、世界计算机大会、国际大坝会议等重要会议。

在中国科协六大时期（2001—2005年），重点为取得联合国经社理事会的咨商地位开展工作，并举办了世界工程师会议、国际心理大会、国际灌溉大会等重要会议。

在中国科协七大时期（2006—2010年），重点启动开展了海外智力为国服务计划，组织国外的科研团队推荐高水平研究人员，并成功举办了西太平洋地球物理大会、世界地震工程会议、国际核工程大会等重要会议。

在中国科协八大期间（2011—2015年），主要是开展港澳台大学生暑期实习专项配合统战工作，并召开国际生物物理大会、诺贝尔奖获得者医学论坛、第七届世界草莓大会、中国国际石墨烯创新大会等重要会议。

在中国科协九大时期（2016—2020年），重点是向世界工程组织联合会、国际科学理事会、太平洋科技协会等全球机构推荐任职专家，并举办了世界公众科学素质促进大会、世界科技与发展论坛、数字经济中小企业全球论坛等重要会议。

7. 亚欧科技创新合作中心

2015年4月21—22日，第一届亚欧科技创新合作促进可持续发展研讨会在北京国际会议中心举行。研讨会由科技部和外交部共同主办，北京市科学技术委员会承办，亚欧基金为支持单位。来自亚欧的26个成员国代表在一起就亚欧科技创新合作的重大议题进行探讨。大会上还商讨了亚欧科技创新合作服务中心的建立计划，并通过了有关简要说明，重申了亚欧会议国家在对亚欧科技创新合作中的大力支持，也赞成把亚欧科技创新合作的重心落实在中方，明确表示了双方共同打造服务中心的意愿。2015年6月，亚欧科技创新合作服务中心秘书处入驻了北京科学技术委员会，标识着服务中心启动并全面运行，对促进亚欧各方的科技协作产生了重大影响。

亚欧科技创新合作中心坚持"创新发展、跨界融合、开放包容、互利共赢"的理念，立足于在亚欧各国之间科技创新领域开展对话与沟通，努力推动亚欧国家间实现科技创新成果市场化转移和应用。其组织结构如图4-6所示。

图4-6 亚欧科技创新合作中心组织结构

该中心目前已在联络处意大利、希腊、斯洛文尼亚、葡萄牙、德国、拉脱维亚、印度、捷克、芬兰、斯洛伐克、立陶宛和匈牙利等国家成立联络处；已建立的领域分中心有亚欧光电集成科技创新合作中心、亚欧微系统科技创新合作中心、亚欧智能制造科技创新合作中心、亚欧第三代半导体科技创新合作中心、亚欧激光应用科技创新合作中心、亚欧氢能源及燃料电池科技创新中心等。该中心利用各领域分中心、各国联络处和孵化基地等与亚欧国家和"一带一路"沿线国家进行重大项目合作研究，国际合作重点实验室建设、人才培训、项目对接与成果转化落地。近5年来组织国际科技会议及对接活动600多场，对接项目2 000多项，促成科技服务项目落地数量60多项，促成亚欧相关领域机构在技术研发方面的实质性合作近20项,实现了科技创新成果在亚欧国家间市场化转移。2019—2021年亚欧科技创新合作中心举办的国际学术交流活动如表4-3所示。

表4-3　2019—2021年亚欧科技创新合作中心举办的国际学术交流活动

序号	会议名称	时间
1	第五届亚欧科技创新合作论坛	2021年6月3日
2	2020亚欧光电科技创新合作论坛	2020年11月10日
3	第一届中丹量子前沿学术研讨会	2020年10月30日
4	国际青年医学科学家研讨会暨中国(温州)医药峰会	2020年10月18日
5	2020中关村论坛技术交易大会	2020年9月17日
6	2020中关村论坛技术交易大会——中国与欧盟5G创新&数字经济产业创新合作主题活动	2020年9月14日
7	中欧创新与投资合作国际研讨会	2019年9月7日

8. AEIC(学术交流中心)

AEIC是由多个国内外高校、研究学院和知名企业共同打造的一家发展成熟的国际学术会议交流平台。AEIC汇集了国内外专业知识的科研学术力量,致力于科学资讯的传播传递、学术研究互动、社会热点话题的深剖、科学生命科普分享以及组织与专业领域有关的国际大会交流活动,成为一种全新的学术会议交流平台。目前,该中心已获得多家高等院校和国外研究组织的专门技术支持,本着"专业、专心、专注"的服务精神,为科技理论学术传承、科研学术成果转移打造国际化的专业知识交流平台。

(1)独家商标注册

AEIC是广州科奥会议服务有限公司旗下的专业品牌,AEIC品牌商标注册申请已经得到国家知识产权局商标局批准。AEIC以独特的营销管理理念与品牌文化内涵,得到了国内外众多学者的信任和业内的普遍称赞。

(2)策划管理成熟

AEIC专注于全球学术会议的策划服务,以成熟领先、富有创新性的运营管理团队和全面科学的国际会议服务体系,在国内成功组织上百场涵盖多个领域的国际学术会议,并先后聘请近2万名国内知名的学者、专家、公司高层管理者等参与国际大会。

(3) 主题范围广泛

AEIC 学术会议主题广泛涵盖了能源与环境、计算机科学、机械及自动化、材料与制造技术、建筑工程与建材、电子工程、化学与生物工程、医疗科学、基础与生命健康、公共卫生、药理学、人文社科等前沿学科。

(4) 战略合作

AEIC 长期与复旦大学、武汉大学、厦门大学、华南理工大学等高等院校进行学术交流合作。与众多全球著名出版公司形成了良好的战略合作伙伴关系，其中包括了 IEEE、IEEE CS CPS、Springer、Elsevier、IOP 等，并可推荐优秀学术论文到国际知名期刊发表。

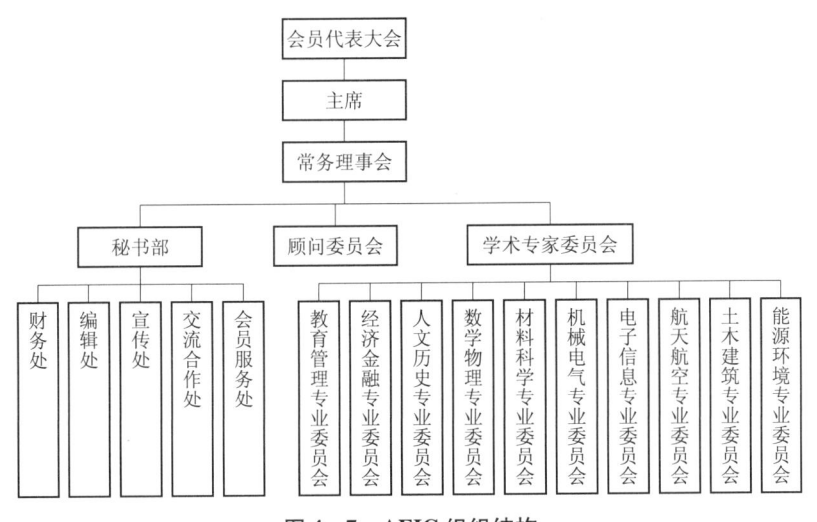

(5) AEIC 组织结构

AEIC 组织结构如图 4-7 所示。

图 4-7 AEIC 组织结构

AEIC 学术专家委员会聚集海内外诸多高职称、高学历、专业化的一流学者，直接参与 AEIC 学术会议、高端活动、学术年会等学术活动的指导，并于 AEIC 系列会议上发表最新研究成果。AEIC 专家库成立于 2013 年 9 月，目前拥有理工科类与人文社科类专业人才近 600 人。

为进一步提升 AEIC 的国际影响力，打造中国最领先的国际化学术智库，AEIC 定向邀请国内外学界权威专家教授或相关企业代表担任 AEIC 学术委员会专家，并积极邀请一批国内外享有盛誉、具有国际学术视野并富有使命感的知名专家担任 AEIC 学术专家委员会主席与常务理事。

(6) AEIC 核心业务

a. 专业学术会议：与国内外高等院校、科研机构等单位联合，集结全球学术领域专家学者、专业人才，打造高层次、高质量、高效率的国际化专业学术交流会议。2020 年 AEIC 举办的重点国际学术会议如表 4-4 所示。

表 4-4 2020 年 AEIC 举办的重点国际学术会议

序号	会议名称	举办地点
1	第四届先进算法与控制工程国际论坛（IWAACE2020）	深圳
2	第四届能源、环境与化学科学研究进展国际学术会议（AEECS2020）	
3	第四届土木建筑与结构工程国际学术会议（ICCASE2020）	
4	第五届电气、电子和计算机工程研究国际学术研讨会（ISAEECE2020）	线上会议
5	2020 年城市工程与管理科学国际学术会议（ICUEMS2020）	珠海
6	第六届材料、机械工程与自动化技术国际学术会议（MMEAT2020）	
7	第四届智能材料与结构工程国际学术会议（ICSMSE2020）	
8	第五届社会科学与经济发展国际学术会议（ICSSED2020）	西安
9	2020 年农林整治与保护国际学术会议（RPAF2020）	
10	2020 年污染防治与环境工程国际学术会议（ICPPEE2020）	
11	2020 年计算机通信与网络安全国际会议（CCNS2020）	
12	2020 年土木建筑与污染控制国际学术会议（ICCAPC2020）	
13	2020 年环境能源与化学材料国际学术会议（EECM2020）	
14	第二届土木建筑与能源科学国际学术会议（CAES2020）	吉林
15	第五届先进材料、机械电子与土木工程国际学术会议（ICAMMCE2020）	苏州
16	第三届电子器件与机械工程国际学术会议（ICEDME2020）	
17	第五届智能计算与信号处理国际学术会议（ICSP2020）	
18	第六届先进材料与建筑工程国际学术会议（ICAMCE2020）	
19	2020 年心理健康与人文教育国际学术会议（ICMHHE2020）	武汉
20	2020 年智慧城市工程与公共交通国际学术会议（SCEPT2020）	
21	2020 年地质、测绘与遥感国际学术会议（ICGMRS2020）	
22	第三届水利、土木工程及自动化国际学术会（HCEA2020）	广州
23	第五届电子技术与信息科学国际学术会议（ICETIS2020）	
24	2020 年计算机工程与应用国际学术会议（ICCEA2020）	

续表

序号	会议名称	举办地点
25	2020年模式识别与智能控制国际学术会议（ICPRIC2020）	杭州
26	2020年节能环保和能源科学国际学术会议（ICEPE2020）	
27	第六届人文学科和社会科学研究国际学术会议（ICHSSR2020）	
28	2020年化工机械与控制工程国际学术会议（ICCMCE2020）	
29	第四届先进能源科学与环境工程国际研讨会（AESEE2020）	
30	第六届工程材料与机械制造技术国际学术会议（IFEMMT2020）	
31	2020年能源动力与自动化工程国际学术会议（ICEPAE2020）	
32	第六届应用材料与先进制造技术国际学术会议（ICAMMT2020）	
33	2020年大数据、人工智能与物联网工程国际会议（ICBAIE2020）	福州
34	2020年安全科学与工程国际学术会议（ICSSE2020）	贵阳
35	2020年食品安全与环境工程国际学术会议（FSEE2020）	
36	2020年生物技术和农林科技国际会议（ICBAT2020）	
37	2020年计算机信息和大数据应用国际学术会议（CIBDA2020）	
38	第五届矿产资源、岩土与土木工程国际会议（MSGCE2020）	
39	2020石油化工与绿色发展国际学术会议（ICPEGD2020）	上海
40	2020电子商务与互联网技术国际会议（ECIT2020）	张家界
41	2020年大数据与信息化教育国际学术会议（ICBDIE2020）	
42	第二届地球科学与海洋学国际学术论坛（IFGO2020）	
43	第三届先进算法与控制工程国际学术会议（ICAACE2020）	
44	第六届能源材料与环境工程国际学术会议（ICEMEE2020）	天津
45	第六届传感器、机电一体化和自动化系统国际学术研讨会（ISSMAS2020）	重庆

b. 论文期刊出版：为国内外专家学者发表学术论文提供学术期刊、论文集出版等服务，并从中遴选优秀论文在 SCI、EI 等知名期刊发表。

c. 招商引智项目：通过国际会议运作和海外招商引智，积累学术资源，为国内外项目持有人或单位和投融资机构搭建对接桥梁。

d. 建立专家智库：建立 AEIC 专家库架构，以民间智库的形式，提供活动策划、招商引智、项目对接和决策咨询等系列创新创业服务。

4.2 以地理位置优势或者功能区域为主的国际学术交流中心

4.2.1 国外主要的科学城或科学中心

1. 美国硅谷

硅谷位于美国加利福尼亚州北部、旧金山湾区南部。由于最初是指研发和制造以硅材料为基础的半导体芯片的地区,故而得名。该地区是美国当今电子工业与计算机科学产业重要的中心领地,是美国创新与发展领域的重要开拓者,择址硅谷的计算机企业现已发展到约1 500家。

硅谷的首要特征是科研与产业力量集中。硅谷以附近几个拥有强大科学技术能力的全美顶级高校为载体,比如斯坦福大学和加州大学伯克利分校,还包含加州大学其他几所分校和圣塔克拉拉大学等。此外,还有70多个联邦政府的实验室和研究发展中心等相关组织也坐落于此。硅谷以新兴技术的中小企业群为基石,也拥有惠普、谷歌、英特尔、苹果、英伟达、Facebook、特斯拉、思科、雅虎等大企业。

其次是高端人才集聚。虽然硅谷总人口还不到美国的百分之一,GDP却占了美国的5%。这里汇聚着来自全球的数百万技术人员,其中有上千位美国科学院院士以及30余名诺贝尔奖获得者。高学历的专业技术人员占比相当高,其经济贡献和人员吸引力都相当强大。高学历的专业技术人员数量通常占据公司人员的80%以上,在大多数技术公司有专业技能的移民数量占工程师总数的1/3。政府为培养研发人才营造了良好的环境,研发创新人才为硅谷创新生态系统注入新能量。

硅谷有全球最高端的创新型人才系统,是世界创新型人才的集聚、供给基地。硅谷拥有良好的教育背景和文化氛围,使全世界各地的学子纷纷前来留学,毕业后留在硅谷就业。政府注重创新型人才系统的构建,聚集了大量的风险投资人才。硅谷有1 000多家风险投资公司,占全美的1/3左右,在硅谷创新生态系统内外部引力的共同作用下,吸引了一批批优秀的研发人才不断创新,提高了专利授权量和专利申请量,同时提升了创新成果的转化率。舒适的工作环境为创新型人才系统营造自由的创新氛围。坚持接纳失败和尊重失败的理念,培育系统内的软文化,激发了创新型人才的探索和创新精神。

再次是风险投资体量巨大。在硅谷，科技发明创造者通常都不会直接转让其研究成果，而是自行设法建立高科技公司。因此，硅谷有1 000多个风险资本机构和2 000多个中介咨询服务组织，其中的创新风险资本机构常年占据了美国风投总数的1/3左右。在硅谷的风险资本组织不但向有前景的企业提供融资，同时还进行投资管理和财务、律师、广告等方面的咨询服务，以协助组织发展和改善企业并构建国际关系网。这些机构对苹果、英特尔等公司的发展壮大起到了至关重要的作用。

最后是其价值观和创新文化。硅谷成功地形成了特色文化发展模式，成为高科技文明的代表，即：敢于冒险、容忍错误和叛逆行动的创新文化；关注人的价值，推进人文主义管理与信息技术资源共享；人才超快流动，弹性工作制，追求效益和速度。

2021年9月3日，由陕西省商务厅主办，西安市投资合作局、西安高新区管委会承办的2021年中国（陕西）—美国（硅谷）科创项目合作交流会顺利召开。陕西省商务厅副厅长王宏伟出席并致辞。西安市投资合作局副局长任伟、高新区管委会副主任杨华与来自美国硅谷的创业者、科技机构代表以在线视频的形式，就疫情过后陕西省与硅谷区域科创项目的合作发展展开了深入的交流和讨论（如图4-8所示）。

在2021年中国（陕西）—美国（硅谷）科创项目合作交流会上，12位美国的科技企业家代表作了线上互动发言，介绍了各自企业的情况和项目优势，双方就陕西的投资环境、扶持政策、融资配套、人才服务等进行了互动交流。在交流会的最后，还进行了西安高新区与强波科技微波集成电路研究与产品检测的一体化平台、含氟生物医药中间体中试基地两个归国创业项目的线下签约仪式。

2. 北卡罗来纳三角科学园

北卡罗来纳三角科学园（以下简称"三角科学园"）是美国最大并公认为最好的科研园区。它坐落于美国东海岸，地处纽约和亚特兰大之间的中间位置，也是北卡罗来纳州的心脏地区。三角科学园位于罗列的北卡州立大学、达勒姆的杜克大学以及教堂山的北卡大学之间的一个边长分别为45千米、18千米和51千米的三角区，三角科学园也由此而得名。

三角科学园于1959年建立，是当今世界上具有很高声望的大学科技园，吸引了拜尔、巴斯夫、思科、IBM和北方电讯等大公司在此建立了研究中心，有100多家研究机构，并形成了制药与生物技术、烟草等14个行业聚集区。三角科

图 4-8　2021 年中国（陕西）—美国（硅谷）科创项目合作交流会

（图片来源网络）

学园最早的启动经费，全部来源于民间科学家和企业家的捐助。其建设目标主要是吸纳美国公司在科学园内建设全新的研发机构和先进制造设备，以打造北卡罗来纳州的新型工业，并运用科学园里的成果改变原有的传统产业，促进该州经济的发展。由此，私有、非营利性质的"三角研究基金会"开始承担园区研发、招商和管理等工作。基金会理事会由政府部门、高校、民营企业等各界代表共 11 人组成。基金会直接负责管理并指导三角科学园的建立与计划，对园内各单位的内部管理事宜无权过问。这样，州政府有计划地与大学相结合，实现了教学、科学研究和工业生产有机结合，实际上左右了三角科学园的整体发展走向，为提升该州经济技术水平提供了关键作用。公司和大学间的技术合作在三角科学园内也有很好的表现。如 1965 年，IBM 就在三角科学园内设立了系统通信部的研究试验室，并促进了大批高新技术公司的进入；美国卫生部国家环境卫生科学研究所也进入了三角科学园。三角科技园的主要特色是采用官、学、产联合管理的模式，以防止地方政府运用行政权力过多干涉。核心中小企业在整个园区的建立和发展过程中发挥着举足轻重的作用，在州政府主导下，核心中小企业通过产生、裂变、创造和被效仿，逐步形成了产业集群。随着产业不断升级与创新，又促进了三角科学园的持续发展。受聘于三角科学园的专家学者，有超过 1/3 出自三所大学，大学借助服务中介组织迅速把学术研究成果转变为产品，园区与企业赞助三所大学的科研经费。

三角科学园毗邻大学与科研单位，有良好的学术氛围，推动科技思想和科学技术的互动研究与合作，以及图书、情报、信息技术等教学资源的共享。三角科学园产生的这种聚集效果，就像是一座综合性学院，可以提升科技发展的整体实力，充分吸引各种公司、组织等前来开展微电子、生物、医学以及化学等领域的科学研究活动。

三角科学园的基础设施是相当完善的。目前在整个 RTP 区域内已经有了超过 130 万的居民，这些居民之间可以通过州内的主要高速公路和其他道路所构成的交通网络更加便捷地彼此联系。同时，该州内的罗利—达莱姆国际航空港也发挥了很大的影响力，机场已经于 2000 年成为美国国内发展最好的大型航空港，位居全美第二。完备的公共设施也为处于这里的公司的发展创造了优越的外部环境，这样的资源与设施也成为整个园区取得成功的关键。

3. 日本筑波科学城

1958 年，日本东京在其都市发展计划中设想建立一座卫星城，将主城区的国立科学研究机构与教学机关，以及人员全部从东京都迁往此地。这一计划最终促使日本筑波成为全球知名的综合性科学研究城市。筑波科学城现为日本最大的科学中心和知识中心，是全球知名的科技创新中心。筑波科学城始建于 1968 年，耗资 50 亿美元。1974 年，日本政府将所属 9 个部厅的 43 个研究机构，共计 6 万余人迁到筑波科学城，形成以国家实验研究机构和筑波大学为核心的综合性学术研究和高水平的教育中心。目前，筑波科学城以生命科学创新和绿色环保科技创新为重点，设有 31 家知名的公立高等教育科学研究机关，包括日本理化所筑波分院等。筑波科学城分为生物研究实验区、土木建筑研究区、文教研究区、理工科研究区和公共设施等 5 个小区。科学城内设有宇宙研究中心，拥有最先进的质子加速器；工业试验研究中心，包括工业技术院的 9 个研究所、农业科研实验中心、高空气象台、研究人类的灵长类试验站等。

筑波科学城的一个非常重要的特点，就是它所有的行为都是基于立法以及相关政策，比如说专门针对高技术产业区制定法律和优惠政策，如《筑波科学城都市建设法》《筑波科学城城市建设计划大纲》等，对科学城的发展有非常重要的保障作用。此外，政府相应的优惠政策措施，也推动着科学城的蓬勃发展。在科技转化方面，建立官方主导的技术转移中介机制，专门设立筑波全球技术革新推荐机构（TGI），作为政府、大学、企业合作的核心机构，由政府官员、筑波大学研究机构以及企业代表联合成立。TGI 积极收集科学城内的科技研究成果、行业发展需求等信息，并利用它的联合网站进行资源共享。同时 TGI 还将各方认定的技术成果作为转化项目，并附加了一定的产业化研发补助资金，采用竞争性招标方式由中小企业取得，极大地提高了中小企业投入的积极性。

目前，筑波科学城正以"国际战略综合特区"为发展契机，致力于建立作为全球知名的以生命科学和绿色环保科技为代表的科创中心和科学园。

筑波科学城的运作模式可以归结为以下六点：一是采取"中央政府投资、中央政府管理"的运作模式，由中央政府部门垂直领导；二是企业管理模式由层级制向扁平化转变，增加管理幅度，提升管理效率；三是重视日本传统文化传承与企业文化相结合；四是注重保持良好的自然生态环境，宜居宜业的城市环境成为留住人才的重要因素；五是享有政府财政拨款和低息贷款，享有立法保障和多种优惠政策；六是是采取多元化、多渠道融资方式，资金来源于财团、企业、政府和社会资金。

4. 德国慕尼黑高科技工业园

1984 年，慕尼黑高科技工业园由慕尼黑市政府和慕尼黑商会共同投资成立，是德国电子、微电子和机械等方面的重要科学研究和发展中心。慕尼黑高科技工业园是在德国大学、研发机构与公司的高度整合下，以德国高新技术企业为核心，辅以配套公司逐渐发展形成的，号称"巴伐利亚硅谷"。现在，慕尼黑高科技工业园共有数百个电子制造企业，著名的西门子公司就位于其中。德国"精英大学"——慕尼黑大学和慕尼黑工业大学，给工业园的蓬勃发展带来了源源不断的科学技术与人力资源。德国马普学会总部、弗劳恩霍夫应用研究促进协会总部等都设置在了慕尼黑，它旗下的许多科研机构也都在此。慕尼黑高科技工业园的创新人才培养模式也很有特点。慕尼黑市政府专门牵头组建了工业园管理招商中心和监理会，代表地方政府为入园的企业提供全程服务。工业园管理以培育高科技中小企业、提升就业率为主要目的：慕尼黑市政府投资在产业园建设了高新科技中小企业孵化大楼，仅允许科学技术含量高的民营企业进驻。政府将帮助中小企业形成专业供应商网，以方便他们就近获取资源，从而减少购买成本。通常情况下，新公司或开发新的研究领域，先在当地开展试验，试验获得成功后再迁移到其他区域，再裂变、建立新的工业园分区。孵化大楼租价通常低于当地水平的 5%~15%，并免费提供商务中心、电话、开会、仓储等服务设施。工业园与大学、研发机构签订了联合协议书，并将其成果交由合作企业优先应用。工业园定期与学术社团、科研组织等共同开展咨询服务、中介交流活动，直接推动他们与企业的沟通协作。

5. 英国伦敦东区科技城

伦敦东区科技城最初起源于硅环岛，2010年年初时有85家高新技术公司。同年，英国政府推出了"英国科技城"（Teccity）国家战略，许诺投资4亿英镑扶持科技城的蓬勃发展，主要目标是彻底改变英国没有本地技术龙头企业的状况，希望通过培养本地创新企业将伦敦打造成"世界科技中心之一"。之后，伦敦东区科技城迅速发展。至2013年，伦敦东区科技城内已密布了3 200余家创新企业，形成了全球规模最大的技术中枢。思科、亚马逊、Twitter、英特尔、Facebook、高通、谷歌等大企业落户于此，巴克莱银行等投资机构也展开了面向创新企业的特殊投资业务，欧洲最老、最大的"新型"科技企业孵化器种子营（Seedcamp）也在此落户。伦敦东区科技城的迅速发展与其对外开放的宣传分不开。例如，伦敦东区科技城注重采取建立网站、召开全球讨论会、主动加入欧洲的科技论坛等多种形式，增进全球联系，吸纳人员、企业和资金的进入。伦敦市政府也重视伦敦东区科技城的海外推广，除了由市长亲自参与推广伦敦的创新优势，市政府还任命多家重点企业的首席执行官作为推介大使，如英国著名儿童网络游戏开发商"心灵糖果"的首席执行官迈克尔·史密斯，就持续地在海外召开推广会，并宣传企业家签证和豁免资金所得税等政策。

位置：地处大伦敦心脏区域，是重要的国际商务交通枢纽，也是全球最主要的信息科技发展点。

后盾：源自英国政府部门的保证，以及从工业界、投资银行与学界所带来的支持。

资金：可接触伦敦独步世界的金融服务领域和全球最强的创投社团。

速度：包含尖端资通科技（ICT）、数位及创意设备，而此处亦为超高速宽频的优先铺设区域。

人才：可接触已被认可且不断成长的科技企业和人才。

连接：世界级的国际交通网，邻近欧洲之星高铁车站与数座主要机场，并且紧邻许多世界级大学，包含伦敦政经学院和剑桥大学在内。

活络氛围：生气蓬勃的多层次社会文化商务与社交实践活动，提供启发新思想、创新并吸纳世界最优秀人才的活络气氛。

从前文介绍的5个科学城或科学中心，我们提炼出典型科学中心的表现特征和国际学术交流中心建设核心要素，如图 4-9 和图 4-10 所示。

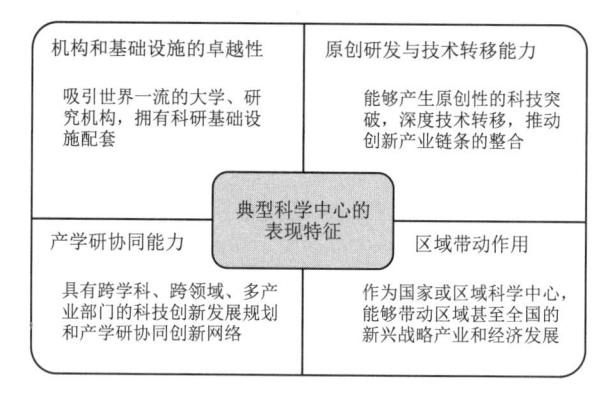

```
┌─────────────────────────┬─────────────────────────┐
│ 机构和基础设施的卓越性  │ 原创研发与技术转移能力  │
│ 吸引世界一流的大学、研  │ 能够产生原创性的科技突  │
│ 究机构，拥有科研基础设  │ 破，深度技术转移，推动  │
│ 施配套                  │ 创新产业链条的整合      │
│            典型科学中心的表现特征                   │
│ 产学研协同能力          │ 区域带动作用            │
│ 具有跨学科、跨领域、多产│ 作为国家或区域科学中心，│
│ 业部门的科技创新发展规划│ 能够带动区域甚至全国的  │
│ 和产学研协同创新网络    │ 新兴战略产业和经济发展  │
└─────────────────────────┴─────────────────────────┘
```

图 4-9　典型科学中心的表现特征

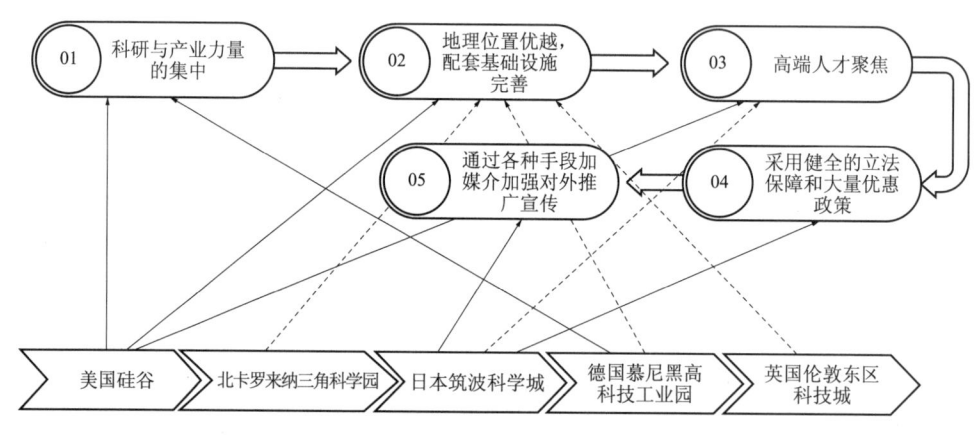

01 科研与产业力量的集中 → 02 地理位置优越，配套基础设施完善 → 03 高端人才聚焦
05 通过各种手段加媒介加强对外推广宣传 ← 04 采用健全的立法保障和大量优惠政策

美国硅谷　北卡罗来纳三角科学园　日本筑波科学城　德国慕尼黑高科技工业园　英国伦敦东区科技城

图 4-10　国际学术交流中心建设核心要素

4.2.2　国内主要的科学城或科学中心

综合性国家科学中心是我国在科技领域国际竞争的关键平台，是我国国家科技创新体系构建的基本平台。建立综合性科学中心，可以聚集全球一流科研人员，攻破若干重要科研难点和前沿技术瓶颈，显著提高我国基础科学研发技术水平，增强原始创新能力。截至 2019 年 8 月，上海张江综合性国家科学中心、北京怀柔综合性国家科学中心、安徽合肥综合性国家科学中心、深圳综合性国家科学中心已获批。上海张江综合性国家科学中心强调前沿交叉创新能力，提升我国在交叉前沿领域的源头创新能力和科技综合实力，代表国家在更高层次上参与全球科技竞争与合作。合肥综合性国家科学中心则侧重于国家创新体系的基础平台建设，旨在聚焦信息、能源、健康、环境四大领域，开展多学科交叉和变革性技

术研究。三大国家科学中心建设特点如下：

一是高度重视重大科技基础设施建设。安徽合肥综合性国家科学中心的重大科技基础设施规划数量位居全国前列，陆续建成同步辐射光源、全超导核聚变托卡马克、稳态强磁场等大科学装置。上海张江综合性国家科学中心也注重超前部署重大科技基础设施，已建成上海光源一期、国家蛋白质设施（上海）大科学装置等，正在推进超强超快激光装置、活细胞成像平台、软 X 射线自由电子激光装置等项目。

二是强化创新网络与成果转化机制。上海张江、安徽合肥综合性国家科学中心都建立了完善的创新网络体系，产、学、研合作机制健全。上海张江综合性国家科学中心建立了上海微技术工业研究院、新能源汽车及动力系统国家工程实验室等产业创新中心，与上海科技大学、中科院上海高等研究院等研究机构确立合作关系，并先后成立张江实验室、中美合作干细胞医学研究中心等重大创新研发平台。安徽合肥综合性国家科学中心则建立了微电子中心、离子医学中心等产业创新中心，与中国科技大学、中科院合肥物质科学研究院等研究机构确立合作关系，并先后成立中科院量子信息实验室、综合性超导核聚变研究中心等重大创新研发平台。

三是注重完善人才培育、园区规划等创新服务。安徽合肥综合性国家科学中心以中国科学技术大学和中科院合肥物质科学研究院"双引擎"为研究队伍核心，通过成立人才服务联盟，持续培育研究机构和团队。上海张江综合性国家科学中心在园区整合和规划方面积累了丰富经验，通过实施大张江战略，打造华泾北杨人工智能小镇、临港智能制造综合示范区等产业集聚地，促进创新资源集聚张江；通过将原有的分散园区进行有效整合，形成目前 22 园的总体格局，创新要素在区域内高度集聚。

1. 上海张江综合性国家科学中心

上海张江综合性国家科学中心的核心承载区是张江科学城。张江科学城贯彻并落实了"网络化、多中心、团队式、集约型"的未来发展战略导向，强化与外部连接，特别重视与同市域、长江三角洲以及全世界的先进创新要素之间的网络合作；增强城市内部融合，总体充分考虑了水网、绿网、路网、轨交网和慢行网，以构建"一心一核、多圈多点、森林绕城"的城市空间布局。

"一心"：依托川杨河两侧区域并整合国家实验室，集中发展科技设施，引进都市高等级服务和科技金融服务等生产性业务，建立以科技为特征的市级城市副中枢,连接北部、放射周围。

"一核":整合南部国际医学园区,以提高都市服务功能,形成南部都市的公共活动核心区。

"多圈":依托以地铁为主的公交站点,基本做到将步行距离600米左右(10分钟)的社会日常生活圈全部涵盖,并注重多中心组团式的集约紧凑快速发展。

"多点":融合办公室、工厂,改造设置分散、嵌合式的众创空间设计。

"森林绕城":北侧张家浜和西侧北蔡的楔形城市绿地、东侧外环绿色地带和中央生态分隔带、南侧生态保护区共同形成科学城绕城林带。

张江科学城已成为国内生物医药领域的创新人员聚集、研究机构集聚、新药创制成效明显、产业集群优势突出的重要区域之一。这里聚集生物医药公司400多家、大型药品制造公司20多家、研发类高新技术中小企业300多家、CRO(合同研究组织)企业40多家、各类研究机构100多家。2019年,生物医药生产总值为402亿元,营业收入为845亿元。张江科学城将成为国内外集成电路产业较为集中、整体技术水平最高、产业链结构较为齐全的电子工业集聚区。这里聚集集成电路设计、器件生产、封装测试、器件材料加工等公司200多家,其中设计公司1 100多家,主要集中在张江集电港、创新园等张江西北片区。2019年,集成电路营业收入为950.3亿元,占示范区的65.1%,占全市的61.3%。人工智能产业方面,张江科学城推进人工智能岛建设,建设张江人工智能产业研发与转化平台、张江人工智能产业创新与服务平台,建设中国新一代人工智能与应用场景博物馆,将推动中国新一代人工智能、大数据分析、虚拟现实、区块链、VR/AR等大数字领域人才的聚集。

(1)创新资源不断集中

张江科学城有国家、省市、县区级的政府科研机构440余家,上海光源、上海超算中心、国家蛋白质设施、张江药谷公共服务平台等一批重大科研平台,以及上海科技大学、中科大上海研究院、上海飞机设计研究院、中科院高等研究院、中医药大学、复旦张江国际创新中心、李政道研究所、上海交大张江科学园等近20家高校和科研院所,为中小企业发展提供了研究成果、技术支持和人力资源输送。

(2)高层次人才加速聚集

张江科学城有从业人员37万人,包括博士6 200余人、硕士50 000余人、本科生 135 000 余人、专科生 56 000 余人、归国留学人员 7 500 余人、外国人员 4 300 余人，引进各类高端人才 450 余人。

（3）双创孵化优势明显

张江科学城共有孵化器 86 家，在孵中小企业 2 600 多家，孵化建筑面积接近 60 万平方米，构筑起了"众创空间+创业苗圃+孵化器+加速器"的全新创新型创业孵化链条，构成了张江国际创新港集聚区、传奇创业广场集聚区、长泰商圈众创集聚区、国创中心集聚区以及张江南区集聚区五大创新创业孵化集聚区，实现了"国际化、集群化、专业化"的独特双创资源优势。

（4）科技金融不断深化

张江科学城已聚集了商业银行 20 余家、科技支行 4 家、投资担保机构 10 多家、创投金融机构 150 多家和上海股权托管交易中心；园内挂牌公司 45 家，新三板挂牌公司 118 家，股交中心上市公司 124 家。张江科学城内已先后上线了孵化贷、SEE 贷、互惠贷、创新基金贷、"张江中小企业集合信托理财"产品、张江中小企业集合票据、科技一卡通等，着力解决中小企业融资难问题。

（5）综合环境进一步优化

逐步完善地铁、公交、有轨电车等城市公交设施，打造传奇广场、长泰商场、汇智中心等现代商业区；推动张江科学城中区副中心建设工程，推动孙桥国际人才公寓建设工程，着力营造生活便捷、生态良好、服务到位、生活舒心的城市综合发展环境。

张江科学城全力打造学术新思想、科学新发现、技术新发明、产业新方向的重要策源地，努力建设成为"科学特征明显、科技要素集聚、环境人文生态、充满创新活力"的世界一流科学城。

2. 安徽合肥综合性国家科学中心

安徽合肥综合性国家科学中心构建了由国家实验室、重要科学基础设施集群、国际交叉前沿研发平台和产业创新平台、"双一流"大学和学科组成的"2+8+N+3"多类型、全方位的国际技术创新系统，形成了代表大国水准、反映大国意愿、承担大国责任的综合性国家科学中心。

（1）争创两个国家实验区

建设量子信息国家实验室，借助中国科学院在量子通信技术领域的全球领先优势，建设全球一流的大规模综合性开放型研发平台。力争创新能源国家实验室，借助中国科学院合肥物质科学研究院所在核聚变研究领域的全球领先优势，建立核电研究领域的综合性开放型研发平台，以破解核聚变堆建设的重大问题。

（2）首期建立 8 个全球一流的重大科学研究基础设施

新建聚变堆主机关键系统综合研究设施、未来网络试验设施（合肥分中心）、大气环境立体探测实验研究设施、高精度地基授时系统（合肥一级核心站）、合肥先进光源（HALS）及先进光源集群规划建设 5 个大科学装置，并升级拓展了合肥同步辐射照明光源、全超导托卡马克、稳态强磁场等三个大科学装置的性能。

（3）建立了一批交叉前沿研发平台和产业创新转化平台

重点建立若干具备全球水平的技术交叉发展创新平台，包括天地一体化网络合肥中心、微尺度物质科学国家科学中心、超导核聚变中心、人工智能平台、环境光学创新研究中心。加快建设一批产业创新转化平台，包括中科大先进技术研究院、合工大智能制造研究院、中科院合肥技术创新院、清华大学公共安全研究院、智慧能源创新平台、离子医学中心、大基因中心等。

（4）建设"双一流"大学和学科

依靠中国科技大学、合肥工业大学、安徽大学等，以建立一个全球前列专业和世界一流专业为目标，以基础前沿学科为重点，努力率先步入国际前列。

（5）建设滨湖科学城

打造科学中心集聚区，借鉴国际先进理念，把滨湖科学城规划建设成科研要素更聚集、科技创业活动更活跃、生态环境更良好的全球一流科学城。以量子信息科学与新能源国家实验室为核心，重点建立了国家实验室核心地区、大科学装置集中区、教育科研区和规划发展区。

3. 深圳综合性国家科学中心

（1）人才集聚方面

深圳市光明区政府出台了《光明科学城中长期人才发展规划（2022—2035年）》等人才政策，在高层次人才认定、引进管理等方面赋予企业更大的自主权，并研究采用"薪酬谈判制"招聘高端人才；赋予短期到深圳工作的研究人员更多便利条件，推行使用人才双聘制度，设立科学城国际人力资源服务中心；新增的科研事业单位财务管理可以采取市场性、社会性用人方式，进行统一编制管理的科研事业单位财务管理确有需求的可建立特设职位，加快推进技术移民试点，逐步建立技术移民职业清单和积分评估制度。

《深圳光明科学城总体发展规划（2020—2035年）》提出，光明科学城将按照世界级大型开放原始创新策源地、粤港澳大湾区国际科技创新中心核心枢纽、综合性国家科学中心核心承载区、引领高质量发展的中试验证和成果转化基地、深化科技创新体制机制改革前沿阵地等五大战略定位，依托重大科研平台建设，推进科技创新、产业创新、体制机制创新、运营模式创新和协同开放创新。

（2）科学技术领域布局方面

光明科学城将着重发展信息技术、生物和新型材料等领域。其中，在信息化应用领域，以缩小"摩尔定律时代"的技术鸿沟、加快建设我国自主创新生态系统为目标，着力开发集成化电路、超级计算、互联网通信、新一代人工智能等细化领域，积极推动新型信息技术的突破应用、融合发展，建立安全可控、交互适配的信息化创新系统。在生命应用领域，将着重发展合成生物学、脑及认知科学、精准医学等细化应用领域，进行从微生物到灵长目生物再到人类生命的深入研究，建立全链条、全尺度的生命解析系统。在新材料技术领域，顺应材料研发技术由经验摸索向人工设计调控过渡的发展趋势，着重发展材料贯穿设计、表征、计算和服役的全过程研究与应用，逐步建立新材料发展技术创新系统。

（3）整体空间结构布置方面

深圳光明科学城（正在建设中）规划总面积99平方千米，占光明区面积的60%以上。深圳光明科学城以"科学+城市+产业"为发展规划，以"一心二区，绿环萦绕"为空间格局。"一心二区"：即光明中心区和装备集聚区、产业转化区；"绿环萦绕"即蓝绿的活力环。具体来说，光明中心区为科学城综合服务中心，规划面积10.8平方千米，定位为深圳北部地区一个集商务、人文、旅游、娱乐配套为一身的都市新中心。装备集聚区划分为"一主两副"三大科学群体，"一主"是指大科学装置集群，"两副"即科教融合集群、科技创新集群。产业转化区合理布局技术转移转化、孵化机构和科技创新创业服务机构，积极培植未来的主导产业和高新兴产业。

4. 北京怀柔综合性国家科学中心

依据《北京怀柔综合性国家科学中心建设方案》，怀柔综合性国家科学中心以怀柔科学城为集中承载地，致力于打造成为世界级原始创新承载区，围绕物质科学、信息与智能科学、空间科学、生命科学、地球系统科学五大领域，打造与国家战略相匹配的前瞻性基础研究新高地。根据规划，到2020年，北京怀柔综合性国家科学中心建设成效将初步显现；到2030年，将全面建成世界知名的综合性国家科学中心。

(1) 完成了一批符合定位的中国科学院重点研发机构整建制搬迁

国家科研基础设施平台群体已初步建立。已布局的 29 个科技基础设施平台，9 个基础土建完成，其中 7 个已进入研发状态。20 个正在实施的科技基础设施平台中，9 个于 2021 年年底前基础土建完成，11 个于 2022 年上半年前基础土建完成，2020 年进入研发状态的科技基础设施平台数量达到 13 个以上。"十四五"时期布局的人类器官生理病理模拟装置、太阳能高效转化利用科技基础设施以及科教设施加快落地。

怀柔国家实验室挂牌，一期科研办公楼改建完工，新技术人员进驻，二期加快建设。同时，"聚人气、聚科研气"的创新生态体系加快建立。中国科学院等 18 家院所进驻；纳米能源所整建制搬迁，雁栖湖应用数学研究院挂牌运行，北京干细胞与再生医学创新研究院迁入；德勤大学签约落户，提前办学正式开课；国科大怀柔科学城产业研究院、中科脑智创新产业研究院、创业黑马科创加速器落户。

"十四五"时期，怀柔科学城将强化以物质为基础、以能源和生命为起步科学方向，深化院市合作，加快形成重大科技基础设施集群，营造开放共享、融合共生的创新生态系统，努力打造成为世界级原始创新承载区，聚力建设"百年科学城"。建设城市客厅、雁栖小城、人才社区、创新小镇、生命与健康科学小镇等重要区域节点，为进入北京怀柔科学城的各大院所开展科技创新活动提供优质服务。

(2) 2021 中关村论坛第四届国际综合性科学中心研讨会

本次研讨会在怀柔区举办，研讨会以"新形势下国际科技合作新模式"为主题，邀请了国家科学中心国际合作联盟的成员单位和国内相关科学中心代表，双方通过线上线下相结合的方式，围绕科学中心建设和运行、国际科技合作和新成果等问题展开了广泛研讨交流。北京市政府副秘书长刘印春以及德国亥姆霍兹柏林材料与能源研究中心部长保罗·哈顿等专家学者分别作主旨报告。

隋振江认为，北京立足建设国际科技创新中心，全面实施创新驱动发展战略，以"三城一区"为平台，以更高层次的开放的姿态打造国际竞争新资源优势，技术创新能力明显提高，技术创新格局更加优化，创新生态充满活力。北京怀柔综合性国家科学中心，在重大科技专项布局、创新主体和人才集聚、创新创业生态完善，以及城市空间载体建设等方面取得重要阶段性进展，对国家创新体系的支撑作用日益增强。面对未来，北京将贯彻并落实习近平总书记重要讲话的精髓，以更为开放的姿态做好全球科学技术合作，加速推动国际科技创新中心建设，为经济高质量发展注入新的动能和活力。周琪指出，北京怀柔综合性国家科学中心聚集了物质、空间、生命、地球等不同科学领域的重大基础科学设施及交叉研究平台，对推动科技发展、应对全球挑战起到重要作用。过去两年，中科院参与建设的 26 个科技设施均取得重要进展。"十四五"时期，中国科学院还将布局建立人类器官的生理病理模拟装置等重大科技工程项目，这些设施和平台将助力北京怀柔综合性国家科学中心早日成为世界级科技合作平台，为联盟成员在此开展科技合作交流提供有力保障。

本届研讨会还设两场平行学术会议，邀请来自德国、英国、瑞士、西班牙等国家专家学者，以及国内大连、兰州等地区的 9 位联盟成员代表和科研机构专家学者以线上形式分别作主题报告。

国际综合性科学中心会议目前已成功召开 3 次，推动建立了国家科学中心国际合作联盟，15 个国际科学中心或实验室成为联盟的第一批成员单位。此次会议期间，还举办了与国家科学中心国际合作联盟 2021 年年会，回顾联盟成立以来的工作成效，审议了联盟 2022 年工作计划及合作计划，选举第三届联盟主席，并讨论联盟新成员发展计划等。

北京怀柔综合性国家科学中心，作为历届全球综合性科学中心会议的主要举办地和国家科学中心国际合作联盟的创始成员之一，自 2017 年批复以来，以怀柔科学城为核心承载区，加快推进顶层规划设计、重大科技设施平台布局落地、创新主体和人才聚集、创新创业生态构建完善，以及城市空间载体建设和公共服务优化，取得阶段性重要进展。"十四五"期间，北京怀柔综合性国家科学中心步入建立与运营并重的新时期，将坚持立足当前、谋划长远、坚守定位、保持定力，建立高层次开放创新合作，开拓国际合作新路径，积极融入全球创新网络，着力构建"科学研究与创新"新范式，积极服务原始创新能力提高和核心技术突破等重大国家经济发展战略需要，为北京建设国际科技创新中心提供有力支撑，为中国实现科学技术自立自强提供战略力量。

(3) 第二届雁栖人才论坛

2021 年 11 月 20 日，第二届雁栖人才论坛在北京怀柔综合性国家科学中心召开，怀柔区科学技术协会与北京机械工程学会等 4 家北京市科协相关学会和基金会共同签署服务怀柔科学城合作框架协议，为科协组织助力区域发展探索新的路径，也为首都科技社团参与"三城一区"建设做出示范。论坛以"科学之光 成就梦想"为主旨，由上午的开幕暨主论坛及下午的"技术创新连接"等平行活动所构成。"技术创新连接"平行活动，整合科协创新型优势资源下沉，服务科技城蓬勃发展。

在"技术创新链接"主题沙龙——服务怀柔科学城建设座谈会上,北京光华设计发展基金会、北京能源与环境学会、中关村新兴科技服务业产业联盟、北京机械工程学会等科技社团代表,有研工研院、中科院物理研究所、创业黑马集团、北京中关村微纳能源投资有限公司、北京电影学院等企事业单位代表,围绕北京市科协系统资源加快在怀柔集聚、推动科学技术成果在怀柔转移转化进行讨论。

综上所述,提炼出国内建设国际学术交流中心核心要素,如图4-11所示。

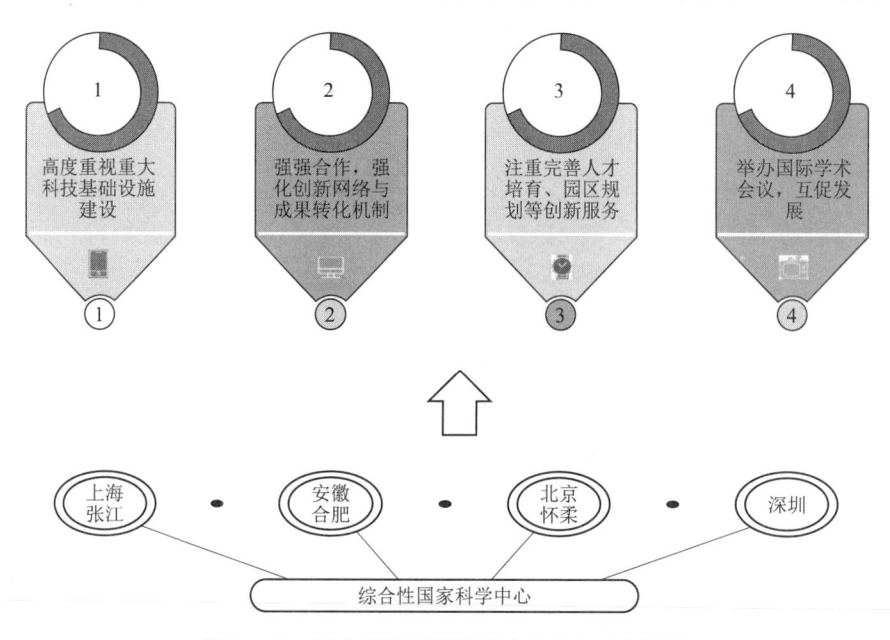

图4-11 国内建设国际学术交流中心核心要素

第五章 北京建设国际学术交流中心的优劣势对比研究

5.1 北京作为国际学术交流中心的优势和基础

5.1.1 主体优势

1. 著名学府多，科研水平高

北京高校名校荟萃，学科类别齐全，人才智力资源充足，不但在科技知识的生产和传递、创新型人才的培育等方面起到了巨大的基础作用，在国家科研创新能力、地方科研创新要素集聚和社会文化创新方面也发挥着不可替代的辐射引领作用。截至2019年，北京拥有高等学校93所，其中中央机关直属高校38所，而且北京拥有的"双一流"大学数量最多，共有120个国家重点实验室，68个国家工程技术研究中心，以及约86万在校大学生。北京大学在加强基础科学研究领域的信息开放与共享、设立全球论坛和国际学术会议制度、聘请全球著名高校教授及有关机构和个人、定期举办学术交流活动等方面，均有着先天优势。截至2018年5月，在ESI排名中，北京大学共有21个学科进入了世界前百分之一的行列，国内高校排名第一，全球排名第96。清华大学则有19个学科进入了此序列，由此可见中国高校的基础学科建设正在科技创新中心建设中发挥着引领作用。高校的学术思想活跃、学术气氛浓厚、专业领域综合交叉，很容易形成国际科技创新中心建设的拔尖创新型人才和技术创新队伍。因此，北京高校在学术资源整合、创新能力建设、学科专业交叉融合、人才队伍建设、科技成果转化等方面具有先天优势，是北京建设学术交流中心的坚实基础。

从上海科学技术情报研究所联合上海报业集团推出的《2021中国城市科创实力调研报告》中能够发现，北京的科创研发能力领先中国其他城市。从领军城市角度看，深圳市的全球PCT发明专利数量申请遥遥领先，总量已经超过了

1.85万件，大约是排名第二的北京的2.5倍，是排名第四的上海的近6倍。而深圳市目前的PCT持有数量也已经达到了全球首位，这并不仅仅因为深圳市有着中国最大的PCT发明专利持有者华为，还在于深圳市目前共有21家世界领先研发机构、3家世界领先学术组织、HCR最高被引用科学家近10人，世界领先的研发机构总量位居中国第一。北京目前已在学术论文数量和质量方面以压倒性的优势蝉联全国第一名，2020年学术论文总量超过11万篇，是位居第二的上海的2倍之多，并超过位居全国第二、三、四的城市的总和。

2. 创新型企业多，对创新要素集聚吸纳能力强

创新型企业是创新型国家建设的主力军。围绕北京国际科技创新中心建设，北京市先后制定了百余项关于吸引创新型中小企业投资的优惠政策，并出台了《中关村国家自主创新示范区数字经济引领发展行动计划（2020—2022年）》《"科创中国"三年行动计划（2021—2023年)》等政策计划，通过设立专项基金，建立孵化器，优化了营商环境，建造了人才特区和创新高地，科技创新服务水平全国领先，为吸纳更多优秀的创新企业和攻坚人才提供了良好的政策环境。"十三五"时期，科技部在国家重点专项领域共支持了北京近600个项目，国家财政资金达到了170多亿元；国家重点研发计划扶持了北京的1 980个项目，国家财政支出400多亿元。利用这些专项支持，北京吸纳了一大批持续攻关的创新型企业。

截至2020年，北京市拥有科创企业19 111家，经认定的高新技术企业27 416家，经认定的技术先进型服务企业84家，经认定的北京市重点实验室457家。创新要素主要聚集在电子及通信设备制造业，医药制造业，医疗仪器设备及仪器仪表制造业，航天、航天器及设备制造业四大行业，2019年实现总产值2 189万亿元。北京市平均每天诞生200家创新型公司，创投数额和案例数量均占全市的30%左右，是全球科技创业最活跃的城市。在2019年的中国独角兽排行榜中，北京市共有82家公司入围，占据了全国近50%。全球人工智能行业的百强企业中，国内共有6家，其中北京市有5家，而我国近60%的人工智能人才集中于北京。从中可以发现，北京创新型公司在创新要素集中吸引能力方面显示出了很大的优越性。以创新型公司为核心，就可以整合更多创新要素，从而吸引更多的创新型公司和创业人员，以科技创新驱动学术交流中心建设。

（1）独角兽企业

截至2022年4月，我国独角兽企业共356家，总估值高达9.4万亿元，主

要集中在高端硬件、新汽车、医疗健康、数字经济、企业服务、软件服务、供应链物流、电子商务、金融科技、新媒体、新消费等领域。从行业企业数量分布来看（如图 5-1 所示），电子商务、医疗健康、硬件领域独角兽企业数量位列前三，分别为 46 家、46 家、43 家。从行业估值分布来看（如图 5-2 所示），新媒体、金融科技、电子商务、新能源汽车领域独角兽企业估值位居前四，分别为 27 家、21 家、46 家、29 家，总估值分别达 26 596 亿元、15 176 亿元、7 478 亿元、7 078 亿元。

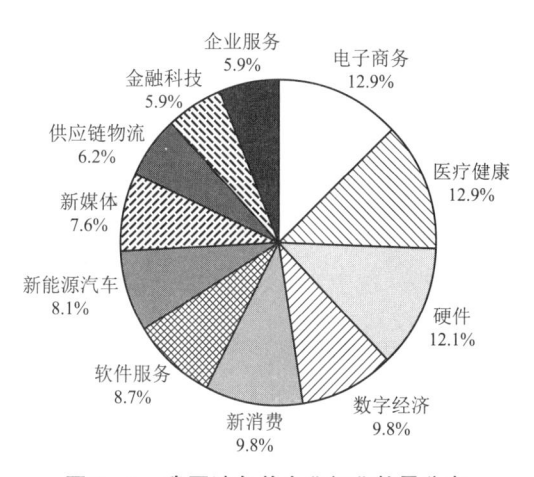

图 5-1 我国独角兽企业行业数量分布

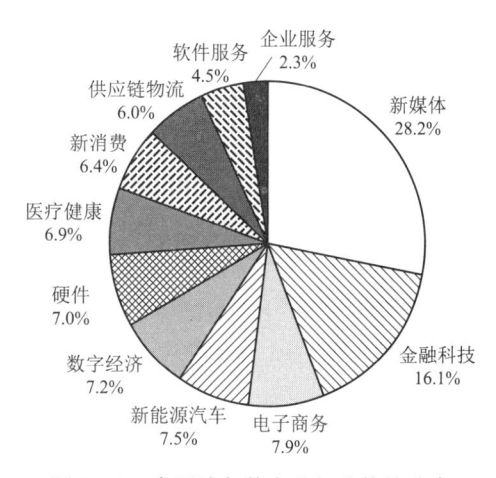

图 5-2 我国独角兽企业行业估值分布

从地域分布来看（如图 5-3 所示），北京独角兽企业共 113 家，数量占比 31.7%，为全国第一，是当之无愧的"全球独角兽之城"，累计估值超过 4 万亿元，其中电子商务、数字经济、医疗健康、软件服务、企业服务等领域企业数量最多。

上海、深圳、杭州的独角兽企业数量分别排在第二、三、四名，依次为88家、34家、26家，占比分别为24.7%、9.6%、7.3%。杭州独角兽企业平均估值最高，北京第二。

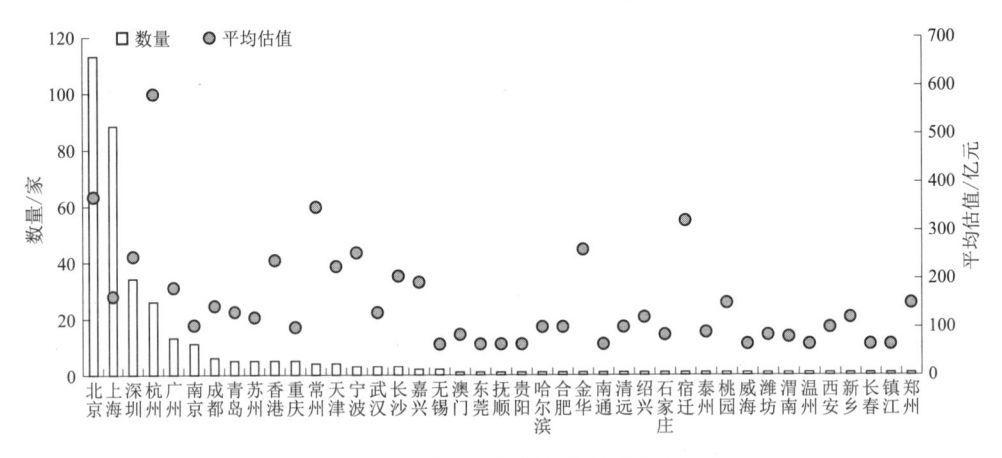

图5-3　我国独角兽企业地区分布

新媒体领域以字节跳动、小红书等超大型独角兽企业为代表，是新型公域流量社交和内容传播载体，其中字节跳动估值达22 500亿元，小红书估值达1 300亿元，对新媒体领域整体估值形成支撑。由此可见，文化赋能是传播升级和消费模式变革的关键和灵魂。基于社群文化，独角兽企业构建内容平台，助力线上线下交流场景融合。字节跳动、小红书等独角兽"巨兽"，基于内容创作传播新形式，利用核心AI技术为客户推送定制化、标签化、社区化内容，优化消费者体验，为新消费品牌的成长提供基础设施。这些企业以"视频、直播、垂类"三元一体社区运营模式，以"素人测评""沉浸式生活"等热播流量形式，以人工智能、算法等新技术推送形式，不断加强与用户之间的情感连接，形成深度互动，触达消费者，对当下新文化、新型生活方式、新型内容创作传播进行综合性文化赋能。基于文化内容创作和品牌影响力建设，新媒体新形式为开展国际学术交流提供了新的传播载体。

（2）隐形冠军企业

赫尔曼·西蒙在《隐形冠军》中定义了三条标准，即排名世界市场前三或者本大洲第一、罕为外界所知、年收入低于50亿欧元（约合人民币380亿元）的企业可视为隐形冠军。结合国内市场，我们提出A股隐形冠军三条标准：一是排名世界市场或本国前三，二是罕为外界所知，三是年收入低于200亿元。同时还要考虑四个方面：业绩稳增、资源有优势（研发及创新能力）、市占率领先和业务聚焦。2016年，我国工信部出台《制造业单项冠军企业培育提升专项行动实施方案》（工信部产业〔2016〕105号），指出"到2025年，总结提升200家制造业单项冠军示范企业，巩固和提升企业全球市场地位，技术水平进一步跃升，经营业绩持续提升；发现和培育600家有潜力成长为单项冠军的企业，支持企业培育成长为单项冠军企业，总结推广一批企业创新发展的成功经验和发展模式，引领和带动更多的企业走'专特优精'的单项冠军发展道路"。2021年12月21日，北京市经济和信息化局联合北京市工商业联合会公示了北京市第一批"隐形冠军"企业认定名单，共有20家企业（如表5-1所示）。

表5-1 北京市第一批"隐形冠军"企业名单（排名不分先后）

序号	企业名称
1	奇安信科技集团股份有限公司
2	北京智芯微电子科技有限公司
3	北京集创北方科技股份有限公司
4	北京东方雨虹防水技术股份有限公司
5	中科创达软件股份有限公司
6	北京兆易创新科技股份有限公司
7	北京经纬恒润科技股份有限公司
8	北京东方国信科技股份有限公司
9	北京北斗星通导航技术股份有限公司
10	交控科技股份有限公司
11	启明星辰信息技术集团股份有限公司
12	北京三一智造科技有限公司
13	绿盟科技集团股份有限公司
14	北京四方继保自动化股份有限公司
15	圣邦微电子（北京）股份有限公司
16	同方威视技术股份有限公司
17	利亚德光电股份有限公司
18	北京天地玛珂电液控制系统有限公司
19	北京精雕科技集团有限公司
20	森特士兴集团股份有限公司

(3) 专精特新企业

国家专精特新"小巨人"计划是工信部为了进一步带动中小企业高质量发展而实施的一个长期行动计划。这些企业在各自领域具有举足轻重的地位，其中主营业务收入达到公司营业总收入的 70% 以上，在某个细分领域经营持续时间超过 3 年。截至 2021 年 12 月工信部已筛选出了三批共计 4 922 家专精特新企业，其中有 421 家公司已经在 A 股上市；第三批 2021 专精特新小巨人企业共计有 2 930 家，其中在 A 股上市的公司有 119 家。2021 年，国家专精特新企业的专利申请总量达 48.18 万件，平均每家企业的专利申请量为 98 件，有效发明专利量为 6.57 万件。421 家专精特新上市公司在 2021 年上半年整体营业收入和净利润分别实现了 44.71% 和 72.28% 的同比增长。

根据媒体统计与梳理（如图 5-4 所示），综合三批企业名单，北京、上海分别排名第一和第二，各拥有 262 家和 260 家专精特新企业，遥遥领先于其他万亿元 GDP 城市。

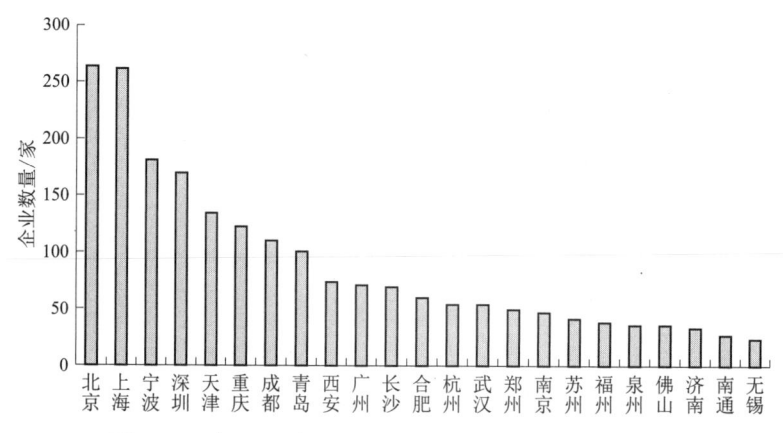

图 5-4 我国 23 个万亿元 GDP 城市专精特新企业分布

从区域分布来看（如表 5-2 所示），北京市专精特新企业排名前三的区县分别为海淀区、经济技术开发区、昌平区和顺义区（并列第三），各区企业数量分别为 117 家、31 家和 16 家，前三名的企业数量占全市企业数量的 68.18%。

表 5-2 北京市专精特新企业区域分布情况

排名	地区	企业数量	占比
1	海淀区	117	44.66%
2	经济技术开发区	31	11.83%

第五章　北京建设国际学术交流中心的优劣势对比研究　109

续表

排名	地区	企业数量	占比
3	昌平区	16	6.11%
4	顺义区	16	6.11%
5	朝阳区	14	5.34%
6	房山区	11	4.20%
7	丰台区	10	3.82%
8	大兴区	10	3.82%
9	通州区	10	3.82%
10	密云区	6	2.29%
11	石景山区	5	1.91%
12	怀柔区	4	1.53%
13	平谷区	3	1.15%
14	门头沟区	3	1.15%
15	东城区	3	1.15%
16	西城区	3	1.15%

从行业分布来看（如图5-5所示），科学研究和技术服务业208家，占比为79.39%；制造业32家，占比为12.21%；信息传输、软件和信息技术服务业12家，占比为4.58%。

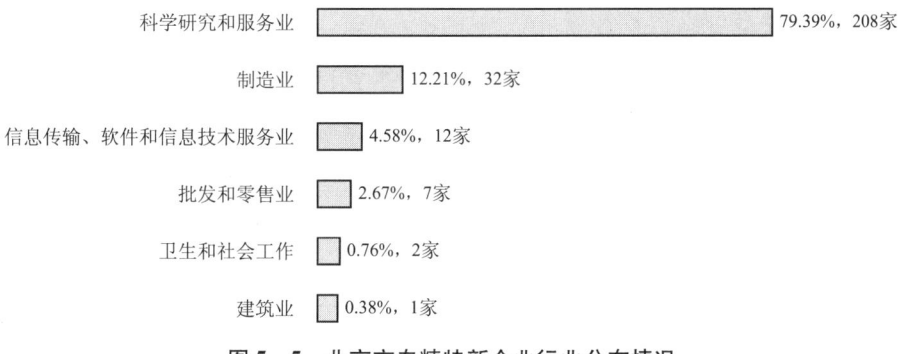

图5-5　北京市专精特新企业行业分布情况

从注册资本来看（如图5-6所示），注册资本在10 000万元以上的有73家，占比为27.86%；注册资本在5 000万~10 000万元（含）的有87家，占比为33.21%；注册资本在3 000万~5 000万元（含）的有37家，占比为14.12%。

注册资本	企业数量	占比
10 000万元以上	73	27.86%
5 000万~10 000万元（含）	87	33.21%
3 000万~5 000万元（含）	37	14.12%
1 000万~30 000万元（含）	64	24.43%
0~1 000万元（含）	1	0.38%

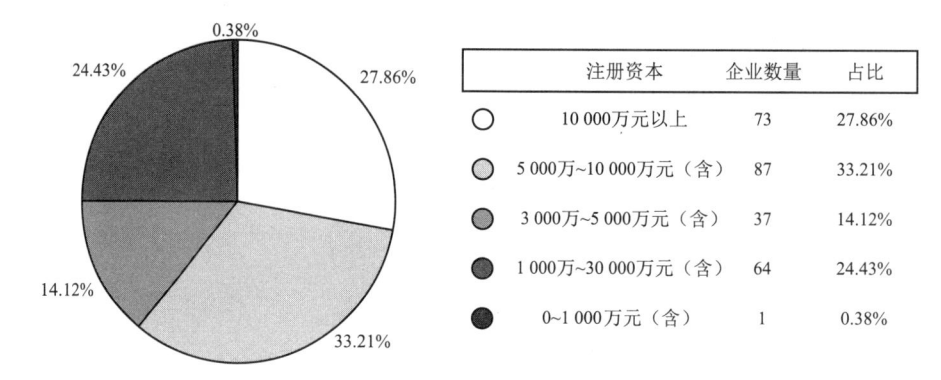

图 5-6　北京市专精特新企业注册资本分布情况

3. 集聚科技工作者有优势，对学术交流有意愿有热情

科学技术工作者逐渐成为学术交流的主体，在促进国际学术交流、孕育科研创新和创造人才中起到了关键作用。截至2019年，北京市高科技人才保有量位居全国前列，北京科技工作者人数超过46万人，年毕业生高达16万人。其中北京全职院士人数超过1 400人，居全国首位，首都地区科技新星1 921人，首都地区科技领军人才270人。当前，科学技术工作者在发扬科学家精神，分享、沟通、推动学术交流方面也发挥了重要作用。北京拥有的顶级科学家较多，如院士占全国的近1/3，参与学术交流活动多，如院士宣讲团；普通科研工作者在各类学术交流活动中占比高，参与度高；后备役科技工作者人多，表现出了参与学术交流的强烈愿望和积极性；老科技工作者凭借智力、人才、经验、威望等其他社会组织无可比拟的独特优势，带头参与到学术交流的大家庭中。如2020中关村论坛上就有来自全世界40多个国家或地区的2 600余位顶级科学家、知名企业家、知名投资人，围绕着世界关心的重要科技话题，进行了深入而且富于建设性的学术交流合作，凸显了科学技术工作者对学术交流强烈意愿和高度热情。

4. 高端人才济济，为学术交流提供智力支持

北京市人才和科技资源丰富，顶尖人才最好的学科和最佳的实验室有一半在北京。2021年，北京研发投入强度是6.17%，稳居全国首位。每年国家科技成果一等奖和全国十大科技进步奖，大概一半来自北京。以"三城一区"为例，创新人才加快集聚，成为吸纳就业新的增长点，引领和带动了全市人才需求结构优化。这些人才主要集中在信息科技服务业、现代制造业等行业的企业，为国际学术交流提供重要的人才团队。

(1) 中关村科学城

2019 年，海淀区发布了《中关村科学城促进人才创新创业发展支持办法》，这是对已执行 6 年的"海英计划"进行的修订升级。升级版紧扣中关村科学城科技创新出发地、原始创新策源地、自主创新主阵地功能定位，围绕北京市十大"高精尖"产业领域和中关村科学城优势方向，在配套服务好中央和市级层面认定的各类人才基础上，优化区域人才品牌，形成错位、持续支持态势，既注重顶尖、领军人才的引进，又关注青年英才、高潜力人才的培育，推动人才结构优化和自主创新能力提升。另外，支持全球顶尖人才到科学城开展跨领域、跨学科、大协同的超前研究和创新攻关，提供一事一议的支持和服务。落实中关村具有国际竞争力引才、用才人才措施，为 1 800 多名外籍人才提供出入境便利，成立中关村国际人力资源服务联盟，其中猎头机构近 20 家，涵盖全球 5 大猎头机构。

据北京人才发展战略研究院相关统计报告，中关村科技园区海淀园区受过高等教育的人才比例高达 88.1%，超过美国硅谷。成为领军人才创新"首选地"的海淀也获得了经济成长的成果，目前人才在地区经济成长中的贡献超过 64.3%。

(2) 怀柔科学城

怀柔区政府、科学城管委会分别发布《怀柔区高层次人才聚集行动计划》《怀柔科学城产业聚集专项政策》，支持全球顶尖人才、创新创业领军人才、优秀青年人才到科学城落地发展，推行"雁栖人才卡"制度，设立"就医绿色通道"，提供"创新服务券"。此外，2019 年还建设了两个国际人才社区，年底前确定选址，2020 年开工。截至 2021 年，中科院已有 17 家科研机构入驻怀柔，约 2 000 人在怀柔开展工作。当前以中科院为主的各项目建成后，怀柔科学城将在 2025 年迎来 6 000 名以上的科研人员。

(3) 未来科学城

未来科学城实施了更加包容、更具吸引力的创新政策。作为北京市重点建设的人才管理改革实验区，未来科学城在人才落户、职称评定、股权激励、住房保障、子女教育等方面为人才提供有针对性的支持政策。作为北京首批国际人才社区试点之一，为引进国际顶尖科研人才和团队，未来科学城配套政策也将充分满足国际人才来华入境、长期居留、创新创业、生活起居等方面的服务需求。作为全国科创中心主平台之一，为了营造一流留人环境，未来科学城还统筹区域资源，通过班车定向服务、新增公交专线、子女优先入学、住房优先购买、购物定点服务等措施，全力保障入驻人员办公、生活需求，打造职住平衡、产城融合的新型城市。

在未来科学城，越来越多的科研人才正不断集聚于此。这里集聚了一大批的高等学校院所、创新型公司，也聚集了大批的高端人才，有从基础科研、技术开发到研究成果转让与产业化建设等整个技术创新生产链条资源的全覆盖，也有覆盖了技术服务机制、人才培养服务结构的各种公共服务平台，科技要素非常齐全。目前，未来科学城已聚集科研人员2万余人，两院院士、享受国务院特殊津贴专家、海外高层次人才占比超过1%，正高级职称技术专家占比超过2%。上述高层次人员所带领的队伍在生命健康、低碳环保、医疗器械、清洁能源、核能核电、智能电网、新材料、大飞机等领域，已获得了大量全球领先、国内一流的研究创新成果。

（4）北京经济技术开发区

北京经济技术开发区高度重视人才工作，逐步搭建起以"人才十条"为核心的人才政策体系。每年设立10亿元专项资金，围绕人才创新创业的"奖金、支持、培养、公共服务、居住、就医、教学、落户、外出、荣誉"等10大要素，进行分类分级政策支持；成立了人才发展集团，通过市场化手段，为人才提供医疗、出行、培训、创业等一站式综合服务；成功打造了全市首个实现外国人工作许可和居留许可"一窗受理、同时取证"的国际人才服务厅；持续推进集居住办公、医疗教育、服务配套等功能为一体的国际人才社区建设，不断提升人才服务保障水平。截至2021年，北京经开区人才总量已超过29.9万人，人才贡献率超过全市平均水平，达到59.32%，拥有两院院士38名，入选国家级海外高层次人才计划76人，入选北京市级海外高层次人才计划142人。创新校企合作模式，在全市率先一体化推进技术技能人才培养，认定人才联合培养基地50个，博士后科研工作站达59家，为企业提供了坚强的人才和技术保障。深入实施亦麒麟人才品牌工程，落实"人才十条"，评定首批"亦城人才"2 065名。

5.1.2 体系优势

1. 跨学科、跨领域、跨境学术交流多

北京作为全国的"四个中心"建设定位，在著名院校、国家创新型企业和科学技术工作者的拥有量上都位居我国前列，为开展跨学科、跨领域，乃至跨境学术交流提供了重要支撑。加之作为首都的地位、地理位置优势，北京开展的国际性学术会议较多，学术交流的形式多样、学科多维、群体多元、交流深入、体制机制健全趋势明显，形成了如中关村论坛、第三届国际综合性科学中心研讨、服贸会、"创新北京"国际论坛、北京国际城市科学节联盟和纳米药物国际学术会议等一系列国际化学术交流品牌，吸引凝聚海外科技人才。同时，"北京地区广受关注学术成果系列报告会"等学术交流品牌活动走出国门，不断提升北京举办国际学术交流的全球影响力与话语权。例如，在第三届国际综合性科学中心研讨会上，来自中国、波兰、英国、法国、瑞士等9个国家的18名科学中心代表，和许多国内有关领域的专家学者围绕"科学中心助推科学共同体建设"，交流分享了全球科学中心的建设经验、运营管理和科技成果转移转化机制。国际综合性科学中心会议已成为全球科学家的共同盛宴、科技交流协作的平台、重要国际交往的窗口，进一步提升了北京建设"世界一流"科学城的国际影响力。

2. 学术交流体制机制灵活

学术交流作为一项全新的科研模式，贯穿了国际科学创新中心建设工作全局。纵观全球，兰德集团、伦敦国际战略研究所等全球一流智库无不注重利用学术交流的新功能，即强调学术交流自主性、建立国际高端交流平台、营建开放科学研究环境。国内国际学术交流呈现出如下特征：具有一定学术影响力的国际交流型复合人才培养；完备、快捷、多元的学术交流支持环境；广泛、多元化、高质量的国际学术交流平台，特色学术交流与精品成果；灵活、多元的国际学术交流工作体系；大学、政府、社团、出版等分担经费的机制。国内国际学术交流充分运用了"小核心、大外围""请过来、走过去"等模式，大大调动了国内外专家和科技工作者参与国际科技创新中心建设，集智公关，博采众长，形成"奥林匹克效应"，促进形成学术共同体，加速科技创新发展。

国内国际学术交流注重政策引领，打造国际人才聚集区。以"三城一区"关于国际人才的政策为例：

（1）中关村科学城

持续实施"海英计划"，高标准推进国际人才社区建设。通过海英人才、人才引进与培育平台、海内外引才平台，让创新合伙人圈层持续拓展，让多元创新主体交融共生，倾力打造"强磁场"，持续擦亮"创新蓝"。

海英人才：海英人才包括全球顶尖人才、创业领军人才、创新领军人才、科技服务领军人才、青年英才等5个项目。对入选的海英人才给予"个人贡献奖励＋创业扶持＋创新培育＋生活保障"的全方位扶持。

人才引进与培育平台（"双站"平台）："双站"平台是指经批准与院士开展项目合作，与高校院所合作培育博士后的企业院士专家工作站、企业博士后科研工作站（含园区分站）等平台，根据其上一年度人才引进情况、培养效果情况等，给予"后补贴"支持和奖励。同时根据实际情况，对各单位获得的国家和北京市院士专家工作站、博士后工作站相应支持资金进行配套，每年每站最高补贴金额300万元。

海内外引才平台：符合条件的用人单位聘请专业人才服务机构发生的费用按照30%予以补助，每年最高不超过50万元；符合条件的中介机构，根据工作成效给予最高100万元补贴。更多的国际引才渠道正在打通，如海淀区国际人才对接服务平台线上系统完成搭建。截至目前，中关村创业大街已经与美国的加州大学伯克利分校、芝加哥大学、英国的帝国理工学院、杜伦大学、格拉斯哥大学、伦敦国王学院，加拿大的多伦多大学等10余所海外高校学联取得合作，推广引进海外科研人才的服务平台和渠道。近两年来，北京海淀区打造了国外顶级人员回流"落地适应"服务平台，采用政府部门和聘用人员联合保证的管理模式，为国外顶级人员回流岗位设定科学合理的"适应性期"，协助人员了解国内外状况，策划自我发展，"适应性期"完成后，人员可与试点工作单位实现双方自由选择，促使人员寻找最有利于自己未来发展的工作平台，全力化解人员回国后顾之忧。此外，依托海淀区国际人才对接服务平台等平台，海淀还试行"大数据+小同行"人才评价模式，探索实施人才"举荐制"和"待遇让渡"机制，建设全市首个人才工作事权下沉试点园，打造人才领域改革创新样板。

（2）北京经济技术开发区

2019年，北京经济技术开发区加强政策引领，设立人才发展专项资金，在全市首发人才基金，用于支持人才在开发区创业创新，同时配套完善的服务体系，确保人才在开发区创新创业、融资、居住、就医、就学等各个方面得到保障，实现人才工作的多维度支持和全方位发展。目前已经形成以"两院院士、骨干工程师、亦麒麟人才、青年人才"为纵向的人才梯次和以"科技人才、海归人才、高技能人才、管理人才、公共服务人才"为横向的人才队伍建设维度。开发区内两院院士37名，其中芯创智公司吴汉明博士当选为中国工程院院士，成为开发区本土成长的首位民企院士；新增院士专家工作站4家，累计28家；新增博士后科研工作站分站11家，获批数占全市近30%，累计50家。打造全域"类海外"生活环境，加快建设瀛海百万平方米的国际人才社区。

(3) 怀柔科学城

"聚人气、聚科研气"的创新生态加速形成。创新主体加快集聚，中科院18家院所入驻，纳米能源所整建制搬迁，雁栖湖应用数学研究院挂牌运行，北京干细胞与再生医学创新研究院迁入，德勤大学签约落户提前办学正式开课，国科大怀柔科学城产业研究院、中科脑智创新产业研究院、创业黑马科创加速器落户怀柔，在怀柔工作生活的科研人员超过3 000人。同时怀柔科学城深化与国家部委和行业协会协作，加入国家自然基金委区域创新发展联合基金，与科技部科技评估中心、中国分析测试协会签署了战略合作协议；深化国际交流合作，国家科学中心国际合作联盟、"一带一路"国际科学组织落户。国际综合性科学中心研讨会、亚欧科技创新合作论坛、全球创新经济论坛等都已经成功举办，怀柔科学城国际化水平和影响力持续提升。

怀柔区正在紧紧围绕综合性国家科学中心建设与运行并重阶段的特征，加快"聚人气、聚科研气"，实施高层次人才聚集"雁栖计划"，打造国际人才"一站式"服务平台，构建高品质人才社区，吸引广大科学家、科研人员扎根发展。《怀柔区高层次人才聚集行动计划（2018—2022年）》（"雁栖计划"）的制定实施，是怀柔区深化人才发展体制机制改革，落实全国、全市组织工作会议精神的重大举措。"雁栖计划"在总体设计上，主要围绕新版北京城市总体规划赋予怀柔区功能定位及怀柔科学城建设需求，突出问题导向、需求导向和量力而行原则，聚焦"高精尖缺"，不求"大而全"、不参与"人才战"，通过一系列顶层设计和制度供给，持续提升区域人才竞争力，形成"鸿雁来栖、共创发展"的良好局面。怀柔区计划每年出资1亿元用于延揽优秀人才。"雁栖计划"设计了包括全球顶尖人才、创新创业领军人才、科技成果转移转化骨干人才、紧缺特需人才等4项人才引进计划。其中，对于全球顶尖人才，支持与怀柔科学城功能相匹配的诺贝尔奖获得者、两院院士等国内外顶尖人才及创新团队来怀柔设立新型机构或创办企业，采取"一事一议"的方式，给予定制服务和综合资助。对于来怀柔发展的创业投资、科技中介、知识产权等各类促进科技成果转移转化骨干人才给予政策支持，助力科技成果快速转化为生产力。"雁栖计划"在制定中坚持了问题导向原则。例如，怀柔区在推进区域转型发展中，面临着一些严峻挑战，其中之一就是紧缺急需一批懂科学城、国际会都、影视产业示范区建设运营的企业经营管理人才，以及教育卫生文化领域的专业技术人才；"雁栖计划"在引进紧缺特需人才方面作了专门规定，通过设立政府特聘岗、运用市场化机制引进高级经营管理人才，给予教育卫生文化人才支持、建设教育卫生名师工作室等形式，加紧补足制约区域发展的人才短板。"雁栖计划"同时提出要培养优秀青年人才和高技能人才，其中，高技能人才指怀柔科学城大科学装置的建设运维人才、实验保障人才、基础服务人才等。引才机制，也是其中一项亮点。设置"雁栖人才伯乐奖"，对引进全球顶尖人才、科技领军人才来怀柔创业的人力资源服务机构，引进创新领军人才的用人单位，以及参与怀柔重大课题研究、政策制定和修订评估的人才专业研究机构给予奖励，进一步拓宽了高层次人才引进的渠道。不仅如此，"雁栖计划"还聚焦人才发展需求，围绕我国人才发展需要，通过建立国际人才培养社区等科技创业平台，为人才施展个人才能创造了更为宽广的发展空间。

（4）未来科学城

2021年9月26日，为加快推进北京市国际科技创新中心建设，进一步服务好未来科学城青年人才的创新需求，由北京科技协作中心、未来科学城管委会主办的未来科学城践行双碳目标新能源新材料领域青年科学家创新论坛在未来科学城中铝科学技术研究院召开。本届论坛以践行国家"30·60"碳达峰、碳中和目标为导向，聚焦北京未来科学城"能源谷"战略定位，特别邀请李永舫院士作为嘉宾，与青年科学家进行面对面交流。来自未来科学城内的央企研究院、高校以及相关企业的5位青年科学家，围绕新能源新材料领域产业链上下游企业在"双碳"目标下最新研发进展及需求开展学术报告与交流，对新能源、新材料领域的技术合作展开了学术讨论。由未来科学城管委会推动举办的青年科学家创新论坛，已逐渐发展为具有一定影响力的青年科学家交流平台，极大地促进了未来科学城跨领域、跨学科、跨年龄的科技人才交流，有助于吸引创新人才和创新资源向未来科学城集聚，推动未来科学城成为更具活力的科技创新开放高地。

为积极贯彻并落实优良的营商环境及"9+N"优惠政策，昌平区政府采取一系列政策措施进一步优化人才发展环境，提高人才服务能力和管理水平，聚集高端人才推进区高精尖产业发展。一是加大政策宣传培训力度。通过组织重点企业人才政策培训会、选派业务骨干组成人才政策宣讲团送政策上门等方式加大宣传培训力度，力争使区企业用好政策吸引人才。二是确保开局工作稳步推进。积极做好人员配置、硬件设施、部门联动、业务培训等多方面准备工作，确保首批积分落户申报工作按时启动，同时按要求做好电话值守工作，确保群众的问题和需求能够及时得到解答和反馈。三是人才引进范围进一步扩大。根据北京市人才引进新办法相关规定，人才引进申请单位不再局限于高新技术企业，扩大到了文化创意、体育、金融等多领域，同时引进人才范围也不再局限于高学历、高职称，更加注重高薪酬、高贡献。四是开展重点企业"一对一"服务。选派业务骨干先后深入重点区域、重点企业开展现场办公服务，让企业享受足不出户的人才服务；在办公现场为重点区域、重点企业开辟绿色窗口，安排专人提供业务审核服务。五是积极推进市首批"昌聚工程"的人才支持。首批扶持的各类重点建设项目达到 91 个，落实支持资金共计 3 872 万余元，涉及获支持单位 51 家、获支持人才 89 名。

为深入研究外籍人员薪酬便利化的服务措施，昌平区政府外事办举办"昌平区 2020 年国际人才社区建设"培训班，围绕国外人才培养服务政策和管理工作，积极探索开展业务训练，提高人才培养政治站位，拓宽国外视角，更新服务理念，提升专业化素质，为国际人才社区建设提供智力支持，为昌平区扩大国际交往、优化涉外环境、提升对外影响力提供人才保障。

3. 创新政策环境优越

首先，北京市政策红利不断释放。当前北京既有"两区"的政策叠加，"四个中心"和"两区"建设红利持续释放，又处于京津冀协同发展的核心，区域发展红利持续。在"两区"政策带动下，一批符合首都发展定位的高精尖产业、未来前沿产业，在北京抢先布局，以数字经济为代表的新业态、新模式、新技术，逐渐成为北京经济发展的新增长极。2020 年北京市数字经济产业增加值 14 538.6 亿元，占地区生产总值比重为 40.3%。信息服务业产值 5 540.5 亿元，信息与通信技术领域独角兽公司数量仅次于美国硅谷。

其次，创新发展的空间格局初步形成。在"四个中心"城市战略定位指导下，《北京城市总体规划（2016—2035 年）》提出了以"三城一区"为重点，辐射带动多园优化发展的科技创新空间格局，推进更具活力的世界级创新型城市建设，使北京市成为全球科技创新引领者、高端经济增长极、创新人才首选地，目前北京市面向科技创新中心建设的产业空间体系已初具雏形。

最后，根据"三城一区"的发展，各个区政府先后制定了经济技术政策、外商投资政策、对外贸易政策、财税政策、融资政策、教育与人力资源政策，以及社会保障措施等一系列政策措施，政府科技管理及其他部门设置了繁多的科技计划、项目和政策，有各自的执行管理要求，各区初步形成了 1+N 的政策体系（政策列表见附录 2）。

中关村科学城作为科技创新出发地、原始创新策源地和自主创新主阵地，充分发挥引领支撑作用，加大先行先试力度，重点围绕颠覆性创新、科技成果转化、专利保障、科技融资机制、人力资源开发、质押投资成本分摊与风险补偿体系建设等重点领域，争取国家制定出台的新一批创新政策。

怀柔科学城由北京市和中科院联合打造，致力于建设世界级原始创新资源承载区。为加快怀柔科学城经济结构调整和产业升级，深入实施创新驱动发展战略，带动国际创投、企业总部、新技术研发等企业在怀柔科学城聚集发展，怀柔区推行《怀柔科学城促进产业聚集专项政策（试行）》，提出对首次获得国家高新技术企业认定的和区外新迁入的国家高新技术企业，给予30万元的奖励。怀柔科学城在用好"两区"政策叠加优势的基础上，将进一步完善相关奖励政策，助力高端仪器装备和传感器产业发展。针对首批试运行的交叉研究平台，将探索给予运行保障和运营激励资金，推进平台稳步运行、开放共享，促进成果产出。

未来科学城是贯彻"打开院墙搞科研"理念、以吸引央企研究机构和海外人才为重点的全国科技创新中心建设的又一主平台。针对技术创新、专利、金融服务、税费优惠政策、人才培养、社会公共服务等方面提出系列政策措施，着重围绕"领先能源、先进制造、医疗康复"等重大创新领域，加快与中国现有的工业园区融合互动，积极鼓励央企、大学、研究院所和创新性中小企业的合作与技术创新，积极整合研究成果迁移转化、专利、金融法律等科技服务平台。

北京经济技术开发区的战略定位是创新型产业集群和"中国制造2025"创新引领示范区。区政府围绕高精尖产业，2020年以来出台43条区级政策，在国家级—市级—区级三重政策的推动下，有序发展，从创新政策环境看，具有较为完备的产业政策体系。

5.1.3 依托载体优势

国际学术交流中心已成为服务本区域并纳入全国科技创新与协作网络的主要枢纽。"三城一区"、国家战略科技力量、科技园区、学会或协会、"两区""三平台"、具有影响力的会议中心、科学中心、科技创新基地、国际科技合作基地等都成为建设国际学术交流中心的重要依托载体。以"三城一区"主平台建设为例：

1. 平台建设

（1）怀柔科学城——国家重大科技基础设施建设加快推进

在怀柔科学城布局的26个科学设施平台［即5个国家重大科技基础设施、5

个第一批交叉研究平台、11 个科教基础设施（如表 5-3 所示）、5 个第二批交叉研究平台］在"十三五"期间提前一年全部启动。国家在怀柔科学城布局的 5 个大科学装置全部实现开工建设，占在北京落地的 19 个大科学装置的 26%，是北京地区大科学装置最为密集的区域，将成为北京建设具有全球影响力的科技创新中心以及我国建设创新型国家和世界科技强国的重要支撑。作为落户怀柔科学城 5 个大科学装置之一的综合极端条件实验装置，已有 5 个实验站面向国内外用户开放预约使用，截至目前已收到来自国内外团队的 50 余份申请。开放预约的 5 个实验站包括极低温固态量子计算（强磁场）实验站、工艺支撑平台、低温原位扫描隧道—角分辨光电子谱测量实验站、极低温固态量子计算（极弱场）实验站、微纳加工平台。创业黑马科创加速总部基地聚焦硬科技孵化转化，全力打造一流的双创服务平台，培育了一大批上市公司和独角兽企业。2020 年 5 月，创业黑马科创加速总部基地在怀柔科学城揭牌成立，发现和推荐符合功能定位、带动上下游资源集聚、受到投资界青睐、具有较好发展潜力、在未来 2~5 年高速发展的公司，带动高端技术要素集聚怀柔，形成技术和产业相结合的科技服务与创新生态。

表 5-3 中国科学院建设的 11 个"十三五"科教基础设施

序号	建设内容	项目单位
1	大科学装置用高功率高可靠速调管研制平台	中国科学院电子学研究所
2	物质转化过程虚拟研究开发平台	中国科学院过程工程研究所
3	分子材料与器件研究测试平台	中国科学院化学研究所
4	脑认知功能图谱与类脑智能交叉研究平台	中国科学院自动化研究所
5	怀柔综合性国家科学中心支撑保障条件平台	中国科学院北京综合研究中心
6	太空实验室地面实验基地	中国科学院空间应用工程与技术中心
7	空间天文与应用研发实验平台	中国科学院国家天文台
8	深部资源探测技术装备研发平台	中国科学院地质与地球物理研究所
9	环境污染物识别与控制协同创新平台	中国科学院生态环境研究中心
10	京津冀大气环境与物理化学前沿交叉研究平台	中国科学院大气物理研究所
11	泛第三级环境综合探测平台	中国科学院青藏高原研究所

(2) 中关村科学城

围绕"双一流"建设，筹建首批 5 个概念验证中心，支持一批国家科技奖、北京市科技奖等项目面向市场需求开展概念验证，解决科技成果转移"最初一公里"问题。与市科委等部门一道，加快推进网络空间安全国家实验室、北京量子信息科学研究院、生命园创新药物科学实验平台、全球健康药物研发中心等重大创新载体建设。联合区域高校院所，加强人工智能、量子科学、合成生物科技等前沿领域的研究布局，推进建设海华信息技术前沿研究院、百放创新专业孵化器等新型机构，加速推动产生一批解决"卡脖子"问题的颠覆性成果。

(3) 北京经济技术开发区

加速打造开发区特色中试基地，重点在生物制品、化药制剂、汽车设计、智能制造等领域布局 10 家中试基地建设，通过中试基地建设，提升区域成果转化承载能力。推进与"三大科学城"的成果转化对接，与清华、北大、北理工等 7 家高校建立成果转化项目库，梳理入库项目达 611 项，同时以 22 家北京高校高精尖创新中心为重点对接对象，按开发区产业方向进行精准对接。

(4) 未来科学城

在未来科学城东区，引进了陈清泉院士的科技中心、中航爱创客、新石器时代等各种技术创新主体，已基本建立起了跨领域、跨学科、跨行业的国际合作创新体系，在核电、氢能等关键领域已建立起了共性的科技研究基础，在新能源网络、第四代核能、可再生能源、软件及网络安全、国民机预研等领域已实现了一批全球或国内首屈一指的重大科研成果，在发展新型能源及其与能源有关的设备、材料等方面，打下了牢固的研发基石。在未来科学城西区，除了生命科学园和沙河高教园两个重点组团，工程技术创新园还集聚了中国石油、中国移动等中央企业的二级总部，北京科技大学的材料服务安全科学中心；科技服务产业园引入了小米、京东、好未来等一批高端创新项目，以及国家知识产权运营公共服务平台等科技服务平台。整个未来科学城科教资源丰富，产学研等要素相对齐全，为推动创新创业奠定了坚实基础。

2. 创新产出

从"三城一区"创新产出效果情况来看，"三城一区"创新产出效率逐步提升（如表 5-4 所示）。2020 年，"三城一区"的创新引擎作用凸显，"三城一区"创造的 GDP 超过北京市的 30%，发明专利申请数量占北京市的 49.59%，技术市场合同成交数占北京市的 69.77%。

2020年，海淀区发明专利授权量3.38万件，占北京市的53.5%；万人发明专利拥有量达504件，是北京市的3.2倍，是全国的31.9倍，与美国硅谷接近。2020年，昌平区专利申请量与授权量分别为13 026件和8 476件，分别比上年增长10.7%和22.5%；其中发明专利申请量与授权量分别为6 500件和2 497件，分别比上年增长7.4%和31.1%。怀柔区专利申请量与授权量分别为2 537件和1 939件，其中发明专利申请量与授权量分别为846件和325件。

表5-4 2020年"三城一区"创新要素产出情况

指标	海淀区	怀柔区	昌平区	北京经济技术开发区	全市	"三城一区"占比
常住人口/万人	313.2	44.1	226.9		2 189	26.69%
地区生产总值/亿元	8 504.6	396.6	1 147.5	2 045.4	36 102.6	33.50%
专利申请量/件	95 140	2 537	13 026		257 009	43.07%
发明专利申请量/件	65 222	846	6 500		146 348	49.59%
专利授权量/件	60 929	1 939	8 476		162 824	43.82%
发明专利授权量/件	33 829	325	2 497		63 266	57.93%
规模以上工业企业研究与试验发展（R&D）经费/万元	694 741.8	80 091.1	338 905	839 110.6	2 974 157	65.66%
规模以上信息传输、软件和信息技术服务业研究与试验发展经费/万元	4 045 727.9	343.2	49 631.3	64 488.8	4 869 482	85.43%
规模以上工业企业研究与试验发展人员数量/人	15 444	1 864	8 658	12 301		
规模以上信息传输、软件和信息技术服务业研究与试验发展人员数量/人	63 234	10	1 765	3 628		
技术市场合同成交数/项	56 624	342	1 959		84 451	69.77%
技术合同成交总额/万元	20 400 800	131 885	1 470 017		63 162 000	34.84%

3. 配套设施

(1) 中关村科学城

根据北京建设全国科技创新中心的总体部署，中关村科学城将成为北京"三城一区"发展主平台中的领头羊，主要覆盖范围为原中关村科技园区海淀园174平方千米地域，并且扩大至原海淀区全域以及昌平区的局部领域。

围绕人才住房保障和区域空间资源管理，发布优化海淀区人才公共租赁住房保障和管理、海淀区构建高精尖经济结构产业空间资源管理和利用实施意见两个政策。此外，还发布了中关村科学城科技应用场景建设首批重点项目，率先在全市推出一批科技应用场景建设项目。首批推出共计17个重点典型科技应用场景，包括智慧医疗、科技公园、智慧社区、智慧交通、无人便利店等与城市治理和民生保障密切相关的场景，以及金融风险智能监测、超高清视频技术、非公党建学习平台、5G技术推广等行业技术应用场景，并遴选具有代表性的5个项目进行合作意向签约。

在教育配套方面，2019年，海淀区加快推进新建、改扩建学校建设，确保十一晋元中学、北大附中西三旗学校启动招生；完成育英中学改扩建工程，人大附中航天城学校新址建设，教师进修附属实验香山分校改扩建项目。同时，不断加速实施中小学教育工程建设，全面推动了城北区域的22个项目启动工程建设，进一步完善了住宅区的公共教育设施建成、交付与利用，实现了新建住宅的教育基础设施保质保量建成、按时交付与使用。

实施路侧停车管理改革。2019年，海淀区完善道路静态交通管理，通过挖潜增加停车场5 000个，进一步落实路侧停车管理改革。此外，海淀区提速交通基础设施建设，协调推进地铁13号线拆分，加快12号线、19号线一期、昌平线南延等轨道交通建设。实施上庄东路、巴沟村路等道路工程，新增通车里程8千米；打通唐家岭路等断头路，完成10项疏堵工程，统筹实施总量300万平方米的道路大中修三年行动计划。

(2) 怀柔科学城

怀柔科学城位于北京市东北部，以怀柔区为主，并拓展到密云区部分地区，规划面积100.9平方千米；其中，怀柔区域68.4平方千米，占规划面积的67.8%；密云区域32.5平方千米，占规划面积的32.2%。在布局怀柔科学城的5个大科学装置中，综合极端条件实验装置于2017年9月第一个动工建设，已有5个实验站面向国内外用户开放预约使用。截止到2022年3月，布局怀柔科学城的其他4个大科学装置，地球系统数值模拟装置完成联调联试和工艺验收，空间环境地基综合监测网（子午工程二期）正在进行设备安装，高能同步辐射光源、多模态跨尺度生物医学成像设施完成土建工程。5个第一批交叉研究平台全部试运行，11个科教基础设施土建工程基本完工，8个第二批交叉研究平台全部主体结构封顶。

"十三五"时期29个装置平台陆续进入科研状态并产出创新成果。2020年10月21日，由中国科学院生物物理研究所、中国科学院自动化研究所和怀柔科学城公司共同建设的脑认知机理与脑机融合交叉研究平台举行开工启动会，标志着该项目正式进入施工建设阶段。项目位于怀柔科学城起步区，总建筑面积30 500平方米，重点打造大脑感知特性研发平台、大脑认知分子神经机理研发平台、大脑网络组图谱系统、大脑认知机制动物支撑系统、大脑科技研究系统、脑机融合智能系统等6个科研平台。

住房配套方面，科学城及周边将提供各类住房超6 000套。按照布局，怀柔科学城为常住人员提供商品住房、租赁住房、共有产权住房，为短期到访人员提供酒店、短租公寓，保障大部分科研人员、科技型企业、高校教职工常住人口、短期到访科学家在科学城居住。截止到2020年，怀柔科学城及其周边可提供各类住房6 110套，其中租赁住房4 020套，共有产权住房470套，商品房1 620套，基本满足科学城各类人才的常住需求。

教育配套方面，怀柔科学城区域内现有幼儿园、小学、初中、高中等基础教育设施20所，学位共计11 600个。前期已经布局了一零一中学怀柔校区、实验二小怀柔分校等优秀中小学教育资源。

医疗配套方面，怀柔科学城区域内医疗机构主要有北京怀柔医院、怀柔区妇幼保健院和6个社区卫生服务中心，共有床位850张。怀柔医院二期、怀柔区妇幼保健院、密云区妇幼保健院、北京大学研究型医院等项目正在加快推进，建成后总床位数将达到1 600张。

公共文化和商业方面，怀柔区正在建设科学城人力资源公共服务中心，建筑面积6 000平方米，将为科学城各类人才提供就业、社保、职业指导等多项服务。正在研究设计规划博物馆、档案馆，总面积超过25 000平方米。科学城起步区的公共服务配套项目，也正在研究中。

交通、市政和生态建设方面，北京市郊铁路黄怀密线已于2019年4月底全线贯通运营，从昌平区的黄土店站到怀柔北站的运行时间为65分钟，实现了中心城区和怀柔科学城的快速交通连接。北京到沈阳的高速铁路（京沈客专）在怀柔科学城周边设有怀柔南站、密云东站。科学城区域内，通怀路、杨雁路、永乐大街改扩建项目加快施工，建成后将使怀柔科学城与怀密两区、通州城市副中心以及京承高速的交通更为便捷。雁栖河生态廊道、沙河生态廊道等加快深化方案研究。

（3）未来科学城

未来科学城规划范围170.6平方千米，呈现"两区一心"空间布局，其中东区43.5平方千米，西区60.7平方千米，生态绿心66.4平方千米。科学城内有24家国家级科研机构，4万多名科技从业人员。"十三五"时期，昌平区新建国家和市级重点实验室、工程技术中心12个，组建协同创新平台20个，支持北京生命科学研究所、北京脑科学与类脑研究中心等新型研发机构建设，冷冻电镜实验室、国际研究型医院等平台相继落地。

坚持"科学+城"理念，未来科学城国际人才社区正加快建设，抓好国际人才大厦运营管理，打造适合国际高端人才工作生活的环境，吸引更多海内外人才带项目入驻。北京十一未来城学校、北师大中小学等16所"名校名园"建成开学，建成清华长庚医院等13家三级医院，总规模134万平方米的地铁城市综合体等商业配套2022年将陆续投入使用。面向各类人才分配共有产权房和公租房5 000套，为创新发展营造一流环境。全市首个碳中和主题公园——温榆河未来智谷建成开园，蓝绿交织、水城共融的生态发展格局加速构建。

（4）北京经济技术开发区

北京经济技术开发区总体规划总面积为50.8平方千米，由科学规划的产业区、高配置的商务区及高品质的生活区构成，是北京重点发展的三个新城之一。开发区划分为4个功能区域：核心区、路东区、河西区及路南区。2020年开发区地区生产总值2 666亿元，按可比价格计算同比增长28.8%；规模以上工业总产值50 597.9亿元，同比增长26.7%；高技术产业产值2 858.7亿元，同比增长87.6%；现代制造业产值4 927.7亿元，同比增长29%。小米汽车、集度汽车等行业内高关注度的产业"新星"相继入驻，鸿霁科技无人化平台项目、赛智新创特种机器人项目等一批高端装备制造领域重点项目落地生花，开发区国家信创园起步区一年引聚百余家"四梁八柱"企业，北京首个细胞治疗中试基地等一系列生物医药领域重点工程竣工。

2021年，开发区统筹"七有""五性"，优化布局优质公共服务资源，不断提升亦庄新城综合承载能力。新增中小学学位 3 600 个、普惠性幼儿园学位 630 个；北京急救中心开发区分中心加快建设，8 家医保定点医院实现看病"脱卡结算"，3 家实现跨省异地就医直接结算，4 个急救站点建成，成立区医学会，成立区文联，公共服务水平显著提升。

5.1.4 硬件设施优势

第一，北京有先进的、国际一流的基础设施。第二，会议中心规模大，可满足多种类型的会议需求，建设设计满足国际化标准。第三，会议室配套设施功能齐全，智能化和服务全面化。第四，酒店、国际人才社区（院士岛）、科学中心、科学城环绕周边，地理交通便利，方便外来专家旅游参观。

1. 中关村国家自主创新示范区展示交易中心（中关村会展与服务产业联盟）

2009 年 3 月 13 日，国务院宣布批准建立中关村国家自主创新示范区，以进一步充分发挥中关村在推动创新型国家建设、探寻中国特色自主创新发展道路中的重要示范作用，将中关村真正变成拥有世界影响力的科技创新中心。2010 年，北京确定建设中关村国家自主创新示范区展示交易中心。

中关村国家自主创新示范区展示交易中心（以下简称"展示交易中心"），是中关村科学城管委会所属事业机关单位，主要承接中关村最新科技、创新产业的展示发布会，同时展示中关村形象，宣传中关村创新创业文化，进行科普宣传和公共安全宣传，其组织结构如图 5-7 所示。

| 综合办公室 | 公共接待部 | 宣传推介部 | 展陈管理部 | 运营保障部 |

图 5-7　中关村国家自主创新示范区展示交易中心组织结构

会议展览中心坐落于海淀公园北侧，于 2011 年 1 月启动兴建，并于同年 7 月完成运营，总展览面积为 16 000 平方米。历经 2013 年、2016 年两次展陈调整，展览中心现有常设展 10 000 平方米、临展 6 000 平方米。其中，常设展览集中呈现了创业发展历程、生物与健康、新材料、新一代信息技术、节能环保与新能源、创新创业生态、智能交通与智能装备、融合创新、文化科技以及企业风采等主题板块，全面呈现了中关村示范区的标志性研究成果和主要发展成就。临展区连续承办了 2015—2020 年"全国大众创业万众创新"活动周主题展。

展示交易中心位于颐和园东侧，占地 58 880 平方米，总建筑面积为 47 486 平方米，是中关村新技术新产品展示发布场所，是中关村论坛、双创周的永久会址。会议中心面积 21 000 平方米，空间效果简洁疏阔，从色调选材到效果造型均在突出科技感与未来感；注重体验与人文关怀，凸显科技、文化、艺术的设计定位。静宜厅、静明厅、畅春厅、圆明厅、颐和厅等 5 个能容纳 160～700 人的多功能会议厅，分别设有高档大气的贵宾室；香山、万寿山、玉泉峰、百望峰、阳山、凤凰岭 6 个固定座椅会议室，可容纳 24～106 人同时开会。附属设施有媒体中心、独立采访间和餐厅。会议中心全部覆盖 5G 信号，拥有 110 平方米的 8K 高清屏幕，3D 立体成像 LED 大屏可将普通片源在线转码三维播放，扩音系统采用具备电视实况转播声学要求的国际一线扩音设备，在保证听音清晰度的基础上增强声音力度以及声像感。会场整体引入除霾环保技术，设置空气质量监测及温度监测系统，能够与空调联动高效提升室内空气质量。

2013 年 9 月 30 日，中央政治局第一次走出中南海红墙并在展示中心进行以科技创新驱动国家发展战略为主题的第九次集中学习，并在会议中举行了座谈会。会议中心历年来承办了全国双创周活动及中关村论坛等科技领域重大活动。习近平总书记表示，中关村已然变成中国科技发展的一面旗帜，面向未来，中国要加快落实国家创新驱动发展力量，加速构建有世界影响力的中国科技创新中心，为在我国落实创新驱动战略中更好发挥示范带动的功能。会议中心可承办大型国际会议、国际展览、经济论坛，并协办各种技术创新培训交流活动、创业竞赛、发布会等专项活动，是北京市党政机关会议定点协议单位和北京地区中央党政机关会议定点服务单。

截至 2020 年年底，展示交易中心已累计接待国内外各类参观团体 6 000 余批次、50 万余人次，成为中关村新技术创业成果展示运用、成果转移的宣传展示及公益性服务平台，展示交易中心也已成为全球认识中关村的重要窗口，受到各界的高度关注。

2. 国家会议中心

2008 年 8 月 8 日，举世瞩目的奥运会在中国北京召开。坐落在北京市奥林匹克公园中央区域，靠近鸟巢和水立方的北京市国家会议中心，成为全球的新闻焦点。北京市国家会议中心成为世界主媒体中央、全球广播中心，北京奥运会击剑和气手枪竞赛的主要场馆。奥运会结束后，北京国际会议中心也完成了内部改建，于 2009 年 11 月启用。国家会议中心由北京北辰实业股份有限公司投入建设，总建筑面积 53 万平方米，总投入约 50 亿元，建筑物南北总长 400 多米，东西宽度 150 多米，檐高度 40 多米，其中会务、会议展览中心的总面积为 27 万平方米，综合会议相关工程面积约26万平方米（包含两家饭店、两栋办公楼）。国际会议中心会议区建有大型会议厅百余个，可同期容纳20 000余人开会，国际会议厅最大可同期容纳5 100人开会；厨房设备则可同期供10 000余人就餐，其中中国际大宴会厅最大可同期提供大约2 500人的宴请。展会区面积约40 000平方米，配置了最先进的会议及影音设施，满足各种规格的会议、宴请、演讲、新品发表、公司庆典活动的服务需求。

北京国家会议中心另一主要配套及服务设施，是设有420间客房的国际会议中心酒店，包括餐厅、大堂吧、健身中心等，通过室外连廊从国家会议中心徒步3分钟即达。除酒会、茶歇等餐厅美食之外，北京国际会议中心也提供广告发布、制作、设施出租等业务。

3. 中建雁栖湖景酒店

中建雁栖湖景酒店管理有限公司由中国建筑股份有限公司投资兴建、北京首旅建国酒店管理公司管理，是一座集住宿、用餐、会议会务、休闲娱乐为一体的按五星级标准建设的豪华酒店。宾馆建筑面积54 831平方米，绿化面积17 283平方米。建筑物环境温馨优雅，将传统庭院风光和现代商业充分融入。宾馆地处京郊著名景点——怀柔雁栖湖畔，毗邻青龙峡、百泉山、红螺寺等著名景点，距北京市中心经京承高速公路仅50分钟路程。酒店内设有风格各异的豪华大床房、豪华双床房、高级套间/豪华套间、行政楼层等，共297间总统套，可容纳450人同时住宿；酒店还设有各种规格的大型会议厅11个，可容纳约600人同时培训或开会，以适应各种会务团队的需要；酒店内均配备了宽频网络、程控电话、有线电视以及自家的专用电影频道，24小时热水系统和中央空调等一应俱全。

会议室分为栖湖厅、燕鸣厅、昆仑厅、白鹿厅、石鼓厅、徂徕厅等。独特格调的大型宴会厅栖湖厅具有510平方米的会议空间，并拥有50平方米高清LED显示器，可同时接纳超过300名的客人进行宴请、会务。在这里有世界一流的灯光和音响设备，带给人们视觉和听觉上的全新体验；免费提供茶水或者矿泉水，提供纸笔、白板、立式讲台、舞台等配套设施，可以根据会议需要调整不同形式的会议桌型。酒店紧邻北京怀柔综合性国家科学中心（雁栖小镇、国际人才社区）。

4. 其他相关服务业

（1）北京国际展览中心（http://www.biec.com.cn/）

北京国际展览中心公司组建于2019年11月，由原中国国际贸易促进委员会北京分部及所属事业单位北京国际展览中心公司转企改组而来,由北辰实业集团有限责任公司出资设立,是中国展览馆协会副理事长单位、国际展览业协会(UFI)委员单位、北京国际会议展览协会理事单位。其组织结构如图5-8所示。从组建至今承担了北京市人民政府、北京市贸促会交办的各项交流、展览、研讨会等重大商务活动,均出色完成任务,获得广泛好评。如2005年日本爱知世博会北京周、2010年上海世博会北京馆、2014年亚太经合组织会议(APEC)北京市企业展览展示、2014—2018年深圳文博会北京展区、2015—2021年贵阳大数据产业博览会、2021中关村论坛展览(科博会)、2021中国服贸会等。

北京国际展览中心公司还积极运用市场配置资源,进行全球服务贸易中所涉及的全球会展服务。通过与国家有关部委以及国内行业机构的协作,迄今为止已成功承办了中国制冷展览会、全国交通展览会等300多个各国(届)展览会,吸引了40多个发达国家和地区的75 000多家(次)工业公司和厂商以及相关学科领域的大中型工业骨干公司参加。除主持或承办在华国际展览以外,近几年来还积极组织以北京市为首的工业公司,到世界五大洲的30余个发达国家和地区举行国际展览、参与海外展览会等,为链接北京市同世界各国中小企业的相互了解、推动外贸发展,作出了积极贡献。转企改制后,北京国际展览中心有限公司将继续发挥体制和资源优势,在全力打造北京展览品牌化、专业化、国际化等方面继续奋斗。

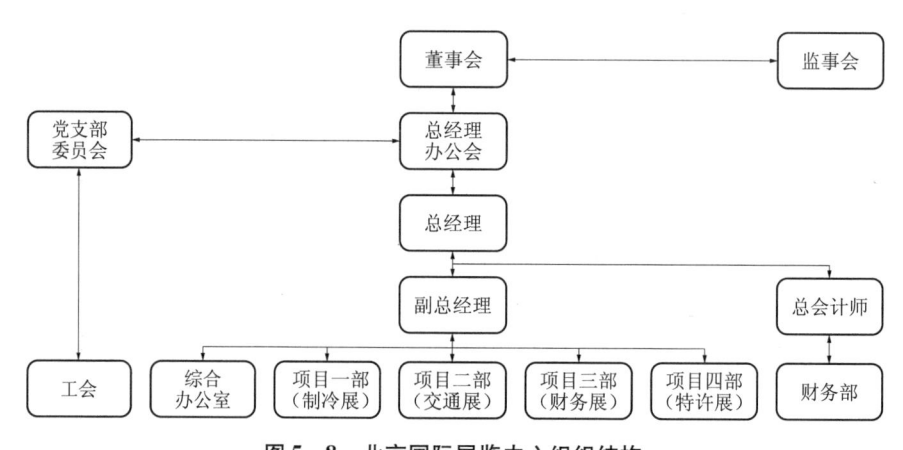

图5-8 北京国际展览中心组织结构

(2)北京展览馆(https://www.bjexpo.com/)

北京展览馆创建于1954年,是由毛泽东亲自题词、周恩来主持剪彩的北京市第一个大规模、综合性博物馆。该馆地处北京市西直门的繁华商圈内,东侧为西直门地铁站、西邻动物园交通枢纽和北京北站，南临金融街与各大部委，北靠中关村科技园区，位置极为得天独厚。全馆总建筑面积 20 多万平方米，内设展示厅、北京市展览剧院、莫斯科地铁饭店、北展酒店、北京市广播艺术公司和莫斯科地铁饭店食品厂。

北京展览馆一直注重于展览经营活动的专业性蓬勃发展，建馆至今，已承接海内外重大展会千余个，到馆参加的人员上亿人次，展出内容涵盖了全球经济、商贸、科技、人文以及国际政治、军工等方方面面。北京展览馆已获得"举办境内对外经济技术展览会主办单位资格"。2000 年，北京展览馆进行了场地更新和设施提升，实现了迎接全球性、现代化专业展会的硬件建设技术标准。2002 年，经过 ISO 9000 质量管理体系认证。2003 年，与德国美沙展览集团合资成立美沙北展展览公司，专门负责全球性展会的筹办和执行。目前，北京展览馆已建设成以展览、会议业务为基础，面向现代服务业、娱乐休闲、旅游服务、酒店管理等领域多元化拓展的综合性、现代化会展中心。北京展览馆部分合作伙伴如图 5-9 所示。

图 5-9　北京展览馆部分合作伙伴

5.2　北京建设国际学术交流中心的影响因素分析

5.2.1　影响因素分析的理论基础

1. 情报循环学说

美国中央情报局提出了著名的五阶段情报循环，包含了规划和定向、收集、处理、全源分析和生产、传播；美国联邦调查局也提出了类似的六步循环，包括需求、规划和定向、收集、处理和开发、分析和生产、传播。2019 年出版的《未来的战略情报》一书中，作者增加了反馈环节，希望可以创造用于行动的新智慧，情报循环由此变成了规划和定向、收集活动、分析、传播、反馈。这个循环过程把决策阶段性理论比作大动脉血液循环，情报循环则是各个小支流的血液循环，两者相辅相成，共同构成健康的决策体系。

2. 扎根理论

扎根理论早期是由格拉斯（Glaser）和斯特劳斯（Strauss）两人提出的，属于归纳取向的质性研究方法。该方法主张在新数据中找到理论，而不是从现有理论中演绎可验证的假说。本书中的国际学术交流中心影响因素分析主要利用扎根理论方法，在总结宏观、中观、微观动因之后，从论文专著、研究机构网络、科学家和编辑部的访谈内容等方面展开资源搜索，进而分类资料、逐层编码，最终搭建国际学术交流中心的影响因素体系。

3. 信息需求层次理论

科亨（Kochen）的信息需求理论认为，信息存在客观状态—认识状态—表达状态三个不同的层次，用户信息需求是由信息需求客观状态的个性化所决定的。之后的学者将情景感知嵌入信息需求理论，认为情景指的是科研人员所处状态和情形的任何信息，包括其当前状态的物理环境信息、社会环境信息、行为环境信息和内容环境信息。场景化、用户偏好的相关理论研究不但开辟了信息技术服务的全新模式，同时丰富了信息技术服务的理论体系，同时也能够更有效地提升用户体验，因此有着巨大的理论价值。目前学术交流的智能化、数字化、多媒体化、个性化发展就是基于信息需求层次理论的拓展。

5.2.2 理论应用

国际学术交流中心对于我国科技思想和成果的传播具有十分重要的作用。国际学术交流中心承担了科学传播的新媒体功能，相对于学术期刊和出版物，其数量相对较少，且大多处于起步和探索阶段。所以，关于国际学术交流中心建设的主要影响因素，并没有完善的变量范围、测度量表和相关理论假说，也没有大样本量化研究的条件。鉴于此，本书主要采用扎根理论的方法，同时结合情报学和传播学基础理论和方法，探索和完善国际学术交流中心建设和创新发展的影响因素，以期全面系统地覆盖促进或阻碍其发展的要素。

扎根理论属于归纳取向的质性研究方法，这种方法并不预定任何代码，代码是在采访、查阅资料时逐渐产生，是让所收集到的资源去形塑出代码系统。陈向明等人指出，扎根理论研究是一种自下而上建立理论模式的质性研究，通过资料收集寻找社会现状的核心理论概念，进而利用这个理论概念连接并分析形成新理论。从具体操作上出发，扎根理论的研究在界定研究范畴与划定好文献后，再检索和解析资料，对文献实施了开放式编码、主轴编码、选择性编码三个步骤，如

图 5-10 所示。

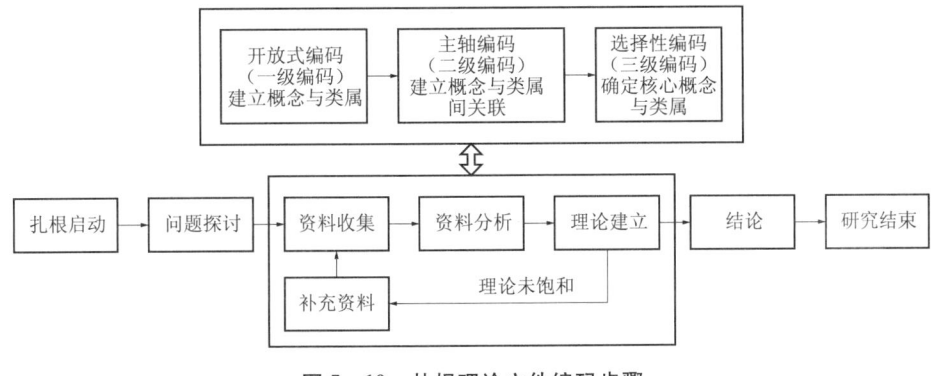

图 5-10　扎根理论文件编码步骤

5.2.3　资料搜集与整理

扎根理论的资料来源是丰富多样、不拘一格的。研究者们既能自己在实地收集资料，也能利用网络收集资料；既可以利用其他学者的科研前期成果，也可以利用当地政府文件、图书馆或档案资料；既可以把政府新闻和会议的内容作为科研素材，也可以利用研究者自己的实际生活轶事。

为了尽可能获得丰富的研究资料，我们从四个方面开展扎根理论研究的资料搜集。一是情报搜集，结合研究者专业优势，运用情报学理论和方法，挖掘国际学术交流中心内部和外部的显性和隐性知识，循证科学证据。二是新闻报告，收集专家在各大媒体平台对国际学术交流以及国际学术交流中心建设和发展的观点和建议。三是线上访谈，包括：线上参与了2021年9月24日—29日举办的中关村论坛，详细记录了国际学术交流的主题、地点、形式、嘉宾、规模、社会反响等；线上访谈了浙江省首批5家国际学术交流中心的负责人或者相关管理人员，对其国际学术交流中心的发展定位、建设现状、举办国际会议情况、人才引进、运营模式等方面进行了详细的访谈记录，每次时间30~60分钟。四是二手的访谈资料，收集国际学术交流中心主要负责人参加重要会议的音频、视频和文本资料。资料四将用于理论饱和度验证。

5.2.4　资料分析和影响因素确定

搜集资料完成后，确认与研究主题直接或相关性较高的有效部分，然后遵循扎根理论编码步骤对资料进行处理，直到达到理论饱和，形成理论模型。总的编码过程包括三步：第一步，开放式编码。开放式编码直接受院士资料启发，目的是现象归纳、概念界定、预计现象发现类别，为更高层次的分析提供基础。需要将原始资料进行拆分，捕捉其中的关键信息点，并对一些具有共性特征的内容进行抽象化命名。按照这一编码原则，得到国际学术交流中心创新发展的驱动因素初级编码表。第二步，主轴编码。在开放式编码算法的基础上找到初始定义间的相似关系和语义联系，将它们融合起来，提炼和抽象出更加包容性的、更高层次的类属和范畴，也称为二级编码。第三步，选择性编码。选择性编码的目的是确定核心概念，并围绕核心类属将其他类属联系在一起，提炼和分析整理出理论模型。经过选择性编码后，提炼出的国际学术交流中心建设与发展影响因素有5个：国际学术交流中心建设制度、国际学术交流中心建设模式、国际学术交流活动、人才团队建设、组织管理（如图5-11所示）。对通过信息收集程序所获得的第四类数据——二手访谈数据进行理论饱和度检验，对资料四的分析并没有产生全新的定义和内容，证明模型中的类属已达到饱和状态。

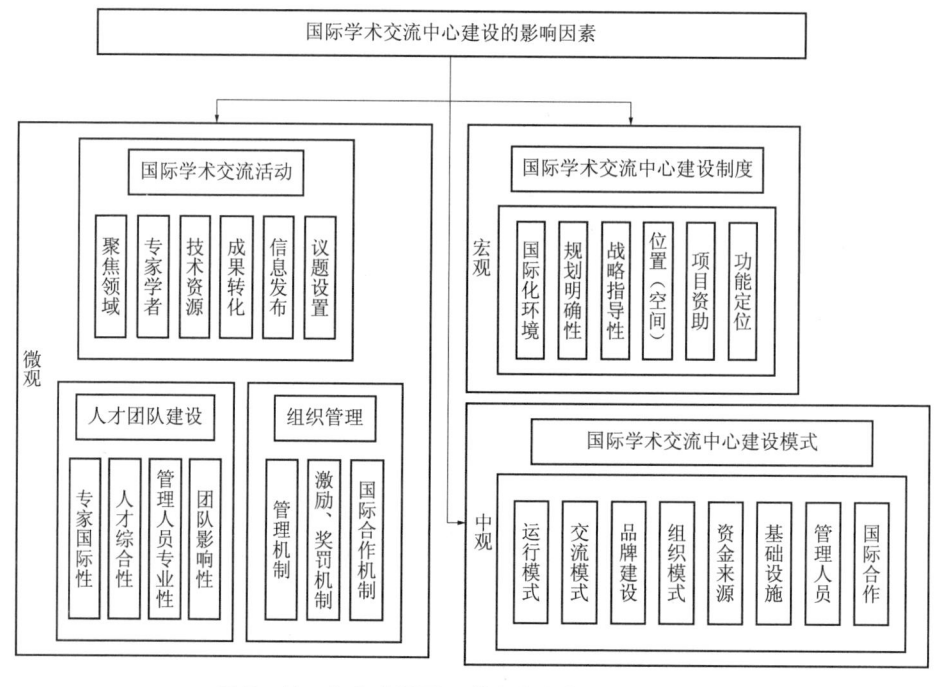

图5-11 北京建设国际学术交流中心的影响因素

5.3 北京建设国际学术交流中心的框架

北京建设国际学术交流中心按照四个中心建设的功能定位，聚焦前沿领域，充分发挥院士资源和科技成果优势，以国家战略计划和重大项目为牵引，强化国际合作，创新体制机制，建成以科技引领为核心的综合性、高端的国际学术交流中心（如图 5-12 所示）。

中心建设定位：国际化、综合性、高端的、专业的。

举办的国际会议：全方位、多渠道、多形式、多层次、高水平。

交流主题：综合性、高端、前沿。

交流内容：国外交流、资源交流、多元异构资源融合的打通。

位置：位于首都，是四个中心建设的主城区。

后盾：来自国家和北京市政府的承诺，及产业界、银行服务和学术界所提供的支持。

政策措施：在国家中央部委的大力支持下，北京市政府相继进行了 5 轮政策措施改革创新，共推出 71 项人才新政措施，将"绿卡"审核时限由 180 天缩短至 50 个管理工作日，为 58 名境外人员直接地办好"绿卡"。近 5 年受理的"绿卡"申领量约为近 12 年间的 2.5 倍。

资金：北京有超过 170 万亿元财务资产，超过全国金融资产的一半；持牌的金融法人机构已达到 900 余家，数量居于全国首位。北京的创投、股权融资活动非常活跃，金融企业在北京发展，在基础设施、市场基础和资源等方面均有着得天独厚的优势。

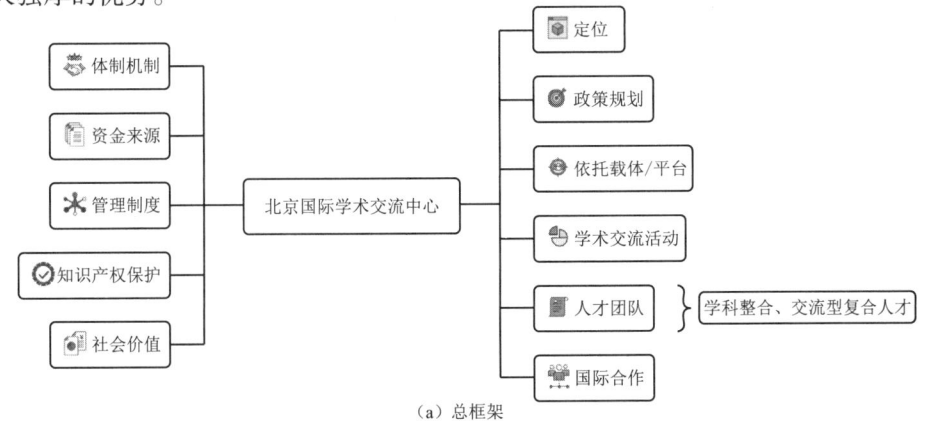

(a) 总框架

图 5-12 北京国际学术交流中心框架图

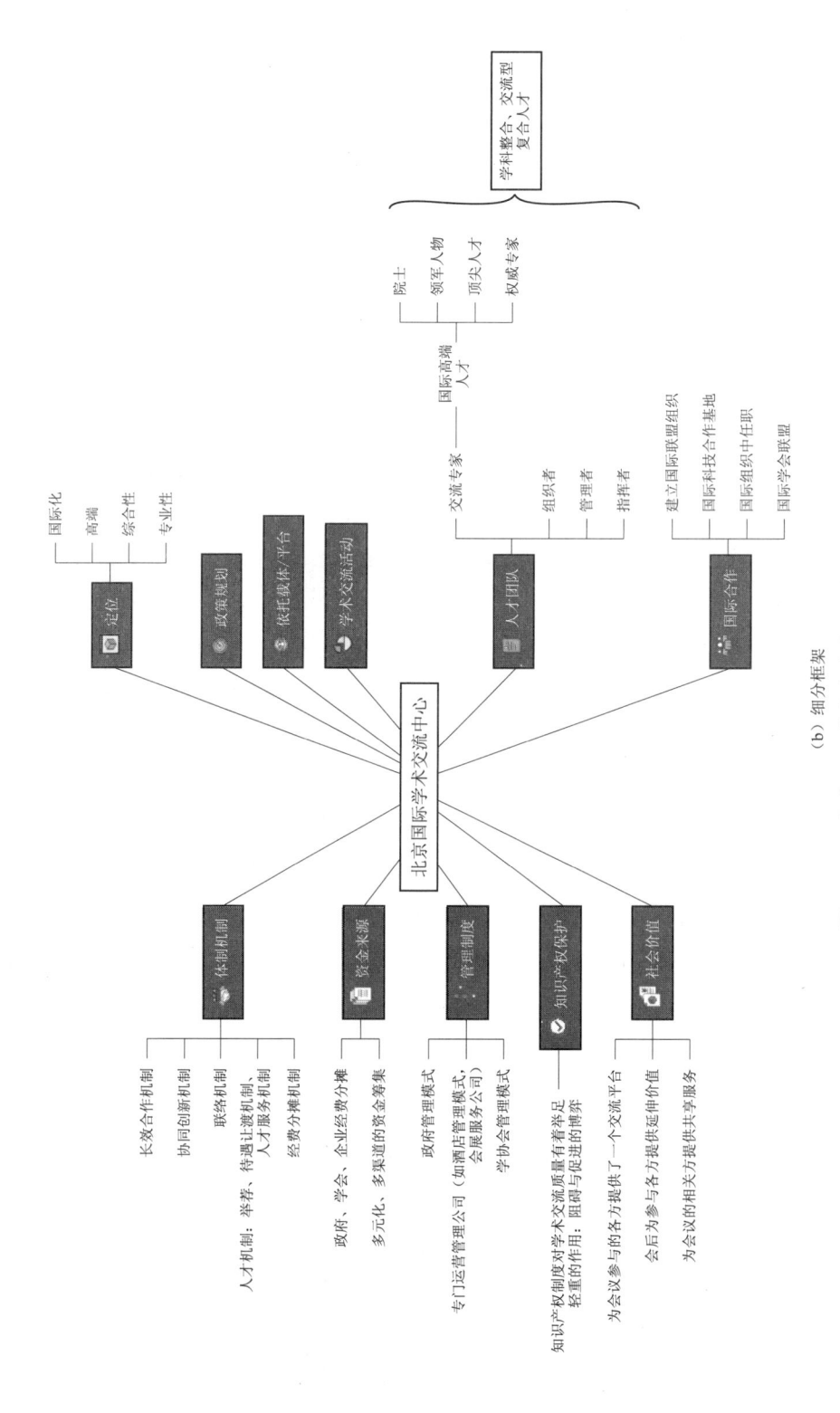

图 5-12 北京国际学术交流中心框架图（续）

(b) 细分框架

第五章 北京建设国际学术交流中心的优劣势对比研究　　135

图 5-12　北京国际学术交流中心框架图（续）

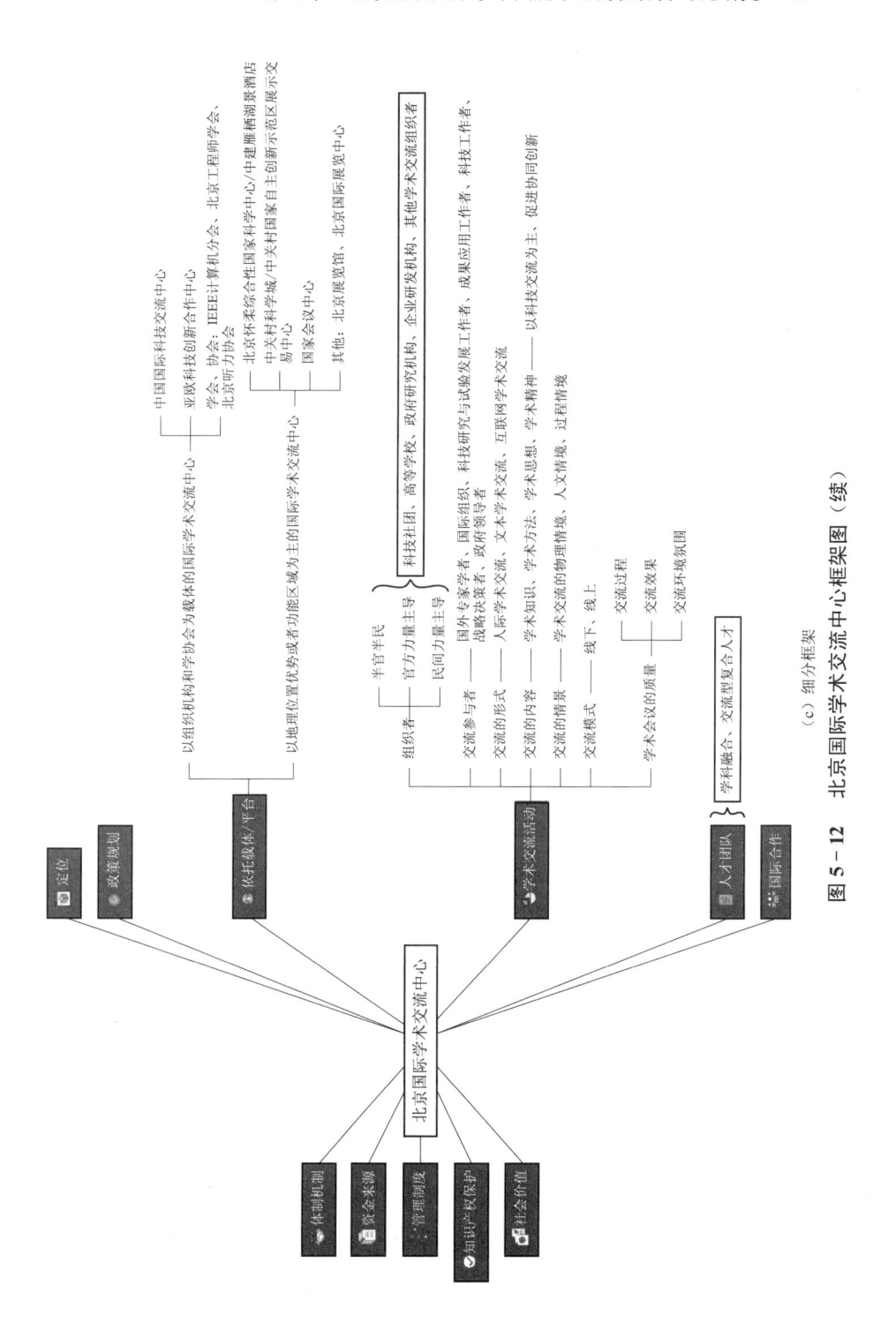

（c）细分框架

人才：北京市内聚集着 90 多家高等院校、1 000 余家科研院所、128 家国家重点实验室以及将近 3 万家国家高新技术企业，是我国战略科技力量的集中承载地。2020 年《自然》杂志发布的全球科研城市榜单中，北京名列第一；在京"高被引科学家"则达到了 253 人，第一次超越美国硅谷。

连接：北京首都国际机场已成为欧洲、亚洲及北美洲的重要核心节点，依托得天独厚的地理位置、便捷的国际中转流程、密切有效的协同合作，已形成了连通亚、欧、美三大航空运输市场最便利的国际航空运输枢纽。北京市大兴国际机场有"全球最大机场"的体量，占地 140 万平方米。它具有目前世界上最大的自由曲面屋顶，世界上仅有的一座"双进双出"机场航站楼，全世界规模最大的单体机场航站楼建筑，以及世界级的国际交通网。机场同时紧邻多所世界级大学，包括清华大学和北京大学在内。

活络氛围：北京是世界历史文化名城和中国四大古都之一。金融街、北京市商务中心区等重要商务区，成为北京对外开放与国际交流的重要象征。生机蓬勃的多元艺术文化和社交活动，将提供激发新思维、创新精神和吸引全球最优秀工程技术人员的良好活络氛围。

第六章 北京建设国际学术交流中心的对策建议

6.1 科协组织及国际学术交流工作

目前，随着新一轮全球技术革命和产业变革的加快发展，世界科技治理将迎来全新的机会与挑战。国际科技组织作为继政府间组织、国际经济组织以外的第三大类国际组织，在全球科技治理中发挥了越来越关键的角色。在逆全球化风潮和民粹主义泛滥、中美战略博弈加剧、新冠肺炎疫情的全球持续蔓延导致国际环境不确定因素明显增多的大背景下，全球治理体系尤其是科技治理体系正面临格局重构，"科技脱钩"风险加大，科技成为国际学术交流合作中"绕不开""躲不掉"的重点和焦点。

以科协组织为代表的科技社团作为我国民间科技交流的主要力量，在官方科技交流受阻的情况下，大力加强以科协组织为主力的民间国际交流和交往能力建设，可以与官方外交、经济外交等形成协调联动的互补关系，促进中外交流互信，有利化解"科技脱钩"风险。

当前，北京"国际交往中心"和"国际科技创新中心"的建设已步入崭新阶段。北京市科协作为党和政府联系科技工作者之间的重要桥梁与纽带，被赋予了更为重要的使命。因此，北京市科协应从深化国际学术交流意识、提高质量、创新机制、打造新模式、广纳人才等方面提升国际学术交流工作，为北京市国际学术交流锦上添花。

6.1.1 深化国际学术交流意识，创新国际学术交流工作

北京市科协在利用全球的学术交流资源、人员、平台等方面有着自身优势，要提高学术交流水平与全球协作意识，坚持"学术引领、专业先行、问题导向"，主动扛起繁荣国际学术交流的大旗，并将其作为一项重要工作任务，以创

新精神引领创新能力,在顶层设计、改革保障等方面实现上下联动,统筹运用学协会资源开展国际学术交流活动。一是通过打造品牌、树立标杆,引领广大科技类社会组织高度重视国际学术建设,为形成高质量的科协组织国际学术交流体系奠定基础。二是发挥北京科技交流学术月平台作用,聚焦科技产业发展重点关键领域,加强与海外学术组织和科研院所的合作,探索形成长效合作机制。三是以同国外的科研学术机构签订协议或者备忘录为基础,进一步扩大开放合作范围,把国外科学机构和外籍科研人员"引进来",形成同国外接轨的管理运作新机制,形成规模和整体效应。四是积极支持北京科学技术工作者参与国外科学机构事务,吸引更多重要国际学术会议落地北京,提升北京学术交流的国际影响力和话语权。

6.1.2 提高国际学术交流质量,打造国际顶尖学术论坛品牌

一是继续发挥优势,全面提升国际学术会议质量,不断提高服务水平,开展形式多样、内容丰富的学术会议,打造出中国特色的国际品牌学术会议。二是丰富国际学术交流内容,打造集"报告、展览、科考、评优、竞赛"为一体的更高层次的综合性品牌学术会议。学术交流所涉及的内容都要具备多学科性,既要看到学界的总体特征,也要兼顾各个领域的专业特点,让各个领域的学术交流活动百花齐放,学术观点百家争鸣,以促进边缘学科、交叉学科之间的碰撞和融合,各个学科领域的联合发展和相互紧密联系,推动学术繁荣发展。三是瞄准全球科技前沿,紧密结合国家科学实验室建立、"双一流"大学建立以及高精尖行业发展趋势,筛选若干国内的优势学科领域,开展国际顶级的永久性学术讲坛,形成"国家学派",传递"国家声音",让我国真正成为科学原始创新的策源地和引领者。四是积极打造国际性的学术交流平台,建立健全合作与共建制度,建立有全球影响力的学会奖励品牌,建立全球性的技术标准,深入开展交流和协作,不断创新产学研服务模式。

6.1.3 创新学术交流机制,以学术共同体推动科技创新共同体发展

学术共同体是国家创新体系的重要组成部分,学术交流是学术共同体形成的重要纽带与关键环节,也是科技创新的重要催化剂与助推力。学术交流中所具备的公平性、自由、开放、互动、质疑、争鸣有助于学术共同体的巩固,进而推动科技创新共同体的形成与发展。充分发挥国际学术交流在筑牢学术共同体、推动

科技共同体的持续性发展中的作用，重视创新学术交流管理机制。组建国家级、市级国际学术交流活动统筹协调委员会，委员会主要由地方政府有关主管部门领导和战略科学家等组成，牵头制定地方国际学术交流发展规划，研究提出促进开展学术交流活动的重大方向、政策措施、遴选、承办并组织顶尖的国外学术论坛，统筹组织协调发展各类海外学术交流活动开展，并从构建学术交流管理机制、增强科技创新保障，完善学术交流评估机制、提升科技创新质量，创新学术交流参与机制、激发科技创新热情三个方面重视创新学术交流机制。

6.1.4 借助新媒体，打造国际学术交流新模式

微信、微博等早期的社会媒介也开始步入新存量发展阶段，线上直播、短视频等新型业态的诞生，进一步革新了信息技术传播方式，形成了学术交流新模式。利用多样化的途径传播和推广线上学术会议，构筑网上国际学术交流阵地，并吸纳更多的参与者进入"云端"学术交流；同时，尽量聘请国际各领域内最有影响力的学术权威、专家学者、新生代科技工作者等参加国际大会，以提升学术会议质量。而国际学术交流也应该把全媒介纳入其中，运用全程媒介、全息媒介、全员媒介、全效媒介等平台优势，如将直接学术交流以网络直播、网络互动的方式变成一种直接与间接相结合的国际学术交流方式。在2020年新冠疫情全球大流行之后，线上平台为全球学术交流活动的顺利开展提供了重要保障，而且线上的国际学术交流活动因不会受到场地因素的影响而吸纳了更多的海外专家和学者可以随时随地加入其中。

6.1.5 拓展人才通道，打造国际学术人才增长助推器

科技创新靠人才，人才作为学术交流的大脑，直接决定学术交流的质量和成败。坚持高起点、高水平，建立结构合理的创新型人才培养队伍，形成一支具备全球影响力的科研大师队伍和以优秀青年科学家为带头人的国际学术交流群体。一是要依托国际人才社区建设，优化高端人才引进机制，重视对科技类及国际机构的人才识别与吸纳，并不断创新人才吸纳模式，发掘更多高层次人才，仔细辨识国内人才需求，提升人才引进的精准性。二是依托北京市海外高层次人才引进体系，充分发挥北京市科协沟通内外的人才储备优势，促进跨越区域壁垒的横向政策沟通，实现各部门政策、各层级政策的优势叠加，创新国内科技人才的选拔机制和培养模式。三是积极构建同多边世界各国著名科研院所、企业之间的战略

合作伙伴关系，努力培育一支可以在海外发表重要科学、信息观点的国际权威专家，以及具有较强学术影响力的国际复合型人才，有效应对中美科技、人才脱钩问题。四是发挥国家海外人才离岸创新创业基地效能，吸引凝聚海外科技人才，建立健全与港澳台学术团体交流合作机制。

6.2 充分发挥科协组织在北京国际学术交流中心建设中的作用

6.2.1 充分发挥科协组织在国际学术交流中心建设中重要引领作用

学术引领是指通过学术交流激发科学研究灵感，形成学术共同体，促进科技人才的培养。高端学术交流对于推进科技创新而言，具有更根本、更基础的作用。北京市科协要充分利用基础组织学协会的知识优势、人才优势，以学术交流为基础，发挥科研院所的主要功能，将焦点定位于前沿科学技术，以专业性赋能国际科技创新中心和国际学术交流中心建设。对接专业性的国外科学机构，以促进北京市科技工作者在国际舞台上的亮相发言，加强同国外非政府机构协作，进一步增加学术活动的国际影响力。北京市科协发挥了组织党委的群团工作特色和资源优势，坚持"学术引领、专业先行、问题导向"，在顶层设计、改革保障等方面实现上下联动，统筹运用学协会资源建设北京国际学术交流中心。

6.2.2 充分调动科技工作者参与国际学术交流中心建设

北京市科协以经理学术为亮点，吸引更多科技工作者加入学会。科技工作者通过加入学会，担任学术职务，以学会为交流平台进行学术交流，其学术热情被极大激发，于是越来越多的科技工作者在学会的平台上快速成长。通过"创新簇"的模式，利用技术创新链把科技要素聚集在一起，建立有利于交流创新的生态体系，以北京市十大高精尖行业为基础，结合国内学会、市学会、龙头企业和相关公司，联合建立了行业创新簇，提供多元的学术合作交流平台，探索数据共享、技术突破、产品创新、制度规范的跨界技术创新服务平台，以提高广大科技工作者积极服务于国际科学技术创新中心建设的意识。北京市科协以"经理学术"和"创新簇"两大法宝，可以团结凝聚更多科技工作者参与北京学术交流中心建设，为北京国际学术交流中心建设提供重要的人才和专家智库保障。

6.2.3 发挥科协组织的品牌活动助力北京国际学术交流中心建设

科协组织对于学术交流和科研创新起到关键的纽带作用，通过组织有层次、高质量、高规格的国际学术会议，积极举办跨国、跨地区、跨专业的学术会议，为国际学术交流创造更丰富的平台，凝聚一定的社会活动能力和社会影响力，支持北京国际学术交流中心建设。充分发挥北京国际科技交流学术月龙头效应，创新推出了广受重视的学术论文研讨会、全国十佳影响力学术会议等品牌学术活动，树起学术交流标杆，把"学术月"打造成北京地区有影响力的综合性学术品牌。开展十佳学术交流会议评选活动，提升学术交流主平台上学术会议的质量和水平，示范引领其他学术活动提质增效。通过树立品牌、打造标杆，推动广大科技类社会团体高度重视科研建设，为形成高质量的北京学术会议体系奠定基础。

6.2.4 搭建多样化学术交流平台，以平台群推动国际学术交流簇

创新活动并非孤立实践，而且趋于成群成簇地产生。科技创新主要靠人才培养，要让科技创新成群、成簇进行，就必须有良好的"软环境"为人才"成群""成簇"地开展科技攻关、发展科研活动营造创新气氛，也离不开良好国际学术交流平台的建设。科技创新的全面性、大众化的导向，需要良好国际学术交流平台建设的多层次性和多样化。

首先，要促进专业化学术交流与非专业化学术交流相结合。专业化学术交流注重于解决专门的基础理论或科学技术问题，而非专业化学术交流则注重于科技思想方法论和跨应用领域的思想碰撞。对于各个专业领域、各种工作经验、不同文化背景、各个年龄阶段的科研人员来说，非专业的跨应用领域学术交流能够进行多元学术思想和文化融合，起到互相启迪、激发新思路、改变思考方法、拓宽专业知识眼界的潜移默化的作用，形成显著的知识溢出效应，从而减少了全球技术协作中的知识不对称，使技术创新工作更加高效。

其次，共同推动横向学术交流与纵向学术交流相结合。习近平总书记曾表示："自主创新是开放环境下的创新，绝不能关起门来搞，而是要聚四海之气、借八方之力。"把横向学术交流和纵向学术交流相结合，在组织协调跨学科、跨行业、跨地区、跨国界的学术交流活动中下功夫，促进学科的交叉融合，促进产学研之间的相互融合，积极组织与动员国内外社会力量，进一步推动学术繁荣和

科学技术创新。

最后，共同推动直接性学术交流与间接性学术交流相结合。直接学术交流，是与交流主体或双方面对面的一种学术交流方法，是目前最直观、生动、高效的学术交流方法，如专业座谈、专业讲演、专业研讨会、培训班等，但也存在空间上的受众范围小和时间上的不持续性的局限性。间接学术交流，是指交流主体之间利用媒介的方法进行知识、信息等方面的沟通和传播，包括通过书籍、信件、杂志等传统媒介，以及互联网、信息技术等新兴媒介，是受众面广的方式，但也存在交流单向性的特点。所以，在国际学术交流平台的建设中需要积极寻求新媒体，以达到直接学术交流和间接学术交流的优势互补、互相融合，如全媒体。学术交流也应该把全媒体融入其中，发挥全程媒体、全息媒体、全员媒体、全效媒体等媒介的平台优势，将直接学术交流以网络直播、网络互动的方式变成一种直接与间接相结合的学术交流方式。例如，2021年的世界人工智能大会更加突出高端化、国际化与专业化，采用线上办会，采用视频、连线等方法，突破了时间和空间的局限，聘请更多的企业家和学者演讲或参会，实现"百网同播，千人同屏，亿人同观"；同时，结合线下办展，吸纳了更多专业观众加入，体验性高、互动性强。

6.3 对策建议

一要固本强基，保持住北京原始创新、人才资源、成果资源、交流活动多等方面的优势。二要取长补短，克服国际学术交流中心建设的政策和标准空白，加快推进顶层设计，强化政策引领。三要协同创新，借鉴温州市瓯江等地区多元协同创新经验，提升北京作为国际学术交流中心的辐射带动能力。

6.3.1 筑牢优势，按照首善标准遴选国际学术交流中心依托载体

国际学术交流中心已成为服务于本区域并纳入全国科技创新与协作网络的主要枢纽。一是依据北京四个中心建设定位的需求，聚焦世界科技创新前沿和优势重点领域，从国家战略科技力量、符合条件的科技园区、学会或协会、"两区""三平台"、具有影响力的会议中心、科学中心、科技创新基地、国际科技合作基地等多层面筛选出5~10个机构作为北京建设国际学术交流中心的依托载体（如表6-1所示）。二是依托载体的自身优势，采用不同的建设模式，如授牌、

扩建、改造等，健全其基础设施建设，拓展其配套服务功能，提升其开展国际学术交流的承载能力。

表 6-1 国际学术交流中心依托载体遴选

序号	分类	机构
1	国家战略科技力量	国家实验室 国家科研机构 高水平研究型大学 科技创新领军企业
2	科技园区	中关村科学城 怀柔科学城 未来科学城 北京经济技术开发区 顺义创新型产业集群示范区 中关村科技园区
3	学会或协会	北京市科学技术协会 IEEE 计算机分会
4	"两区""三平台"	国家服务业扩大开放综合示范区 中国（北京）自由贸易试验区 中关村论坛 中国国际服务贸易交易会 金融街论坛
5	具有影响力的会议中心	国家会议中心 北京国际会议中心
6	科学中心	北京怀柔综合性国家科学中心 北京科学中心
7	科技创新基地	国家重点实验室 国家工程（技术）研究中心 国家技术创新中心 国家产业创新中心
8	国际科技合作基地	先进功能弹性体材料北京市国际科技合作基地 城市生物质能源技术北京市国际科技合作基地

6.3.2 补足短板，推进国际学术交流中心建设顶层设计

我国大力支持北京建立国际科技创新中心，学术交流便是这创新沃土，吸引

国际优秀人才，启迪科技创新思想。一是在国家层面上明确了开展北京国际学术交流中心建设的战略定位和发展目标后，把在北京建设国际学术交流中心作为北京国际科技创新中心建设的一项重点内容，并列入北京市、区政府工作计划，以加大北京国际学术交流活动对国际科创中心建设的服务力度，以交流为载体，使其成为国际科技创新中心建设的成果发布、学术服务、人才吸引的综合平台。二是围绕北京国际学术交流中心提出一整套政策措施建议，包括但不限于发展规划、功能定位、项目支持、政策配套、管理体制、运行机制、体制机制、评价激励、国际合作、每年经费预算、统筹协调、组织落实、责任分工、宣传引导等。

6.3.3 经验借鉴，以体制机制创新繁荣国际学术交流

一是构建以服务国际科技创新中心和国际交往中心为轴心的学术交流中心建设体制机制，构建学术交流管理机制，增强科技创新保障，完善学术交流评估机制，提升科技创新质量，创新学术交流参与机制，激发科技创新热情。二是强化和巩固学协会内部联合，建立长效合作机制；建立健全国际学术交流主平台协同共建制度，推动形成全国学会、市属学会之间良好的工作运转体系。三是以同国外科学学术机构签订协议和备忘录为基础，进一步扩大国际开放合作范围，把国外的科学团队和外籍科研人员"引进来"，使更多的高质量国际学术交流会议落地在北京，建立与国际接轨的管理运行新机制，形成规模和整体效应。四是创新学术协同机制，借助京津冀三地的科技成果转移平台，有效推动首都优秀科学资源辐射津冀，进一步促进京津冀三地协同发展。五是创新人才培养模式，坚持高起点、高水平，努力培养一大批具备全球影响力的科研名师和以优秀青年科学家为带头人的国际学术交流群体，努力培育一大批可以在海外发表重要科学与信息观点的权威专家，在国际舞台上能熟练掌握国际交流的特点和规律、具有较强学术影响力的国际交流型复合人才。建立长效联络机制，为举办国际学术交流会议提供人才保障和智力资源。

6.3.4 加强知识产权保护，提升国际学术交流的质量

学术交流活动中学者们畅所欲言，各自展现自己近期研究成果，请同行或者研究专家指点，为进一步研究提供指导，有的学者从中获得灵感而进行研究，也有的学者从中了解相关方面最新研究成果。然而由于许多学术成果涉及巨大的经济利益，学者们为了保护自己的利益而不愿在学术交流中公布自己最新的研究成

果，甚至误导研究方向，这可能造成某些学术研究的重复进行，学术交流的低水平重复进行，不仅浪费学术资源，也不利于学术交流质量提升。为了更好地进行学术交流，提高学术交流质量，不得不引入一种制度加以保护，即知识产权保护制度，来保护学者们在学术交流活动中的"知识产权"。知识产权保护制度对学术交流活动有着规范、激励和调节作用，进而为学术交流提供良好的知识产权保护环境。通过专利权、著作权、科学发现权等以法律形式来保护学者的无形资产，让学者们在学术交流中尽可能"无保留"交流，无后顾之忧。同时，学术交流活动中出现的新情况、新问题为进一步完善知识产权保护制度提供直接依据和现实需要。

由此形成"交流需求"→"学术交流活动↔知识产权保护制度"→"学术交流质量提高"→"知识产权保护环境、学术交流成果共享"→"再交流欲望"→"新的交流需求"的良性循环互动模式（如图6-1所示）。学术交流质量提高了，会给人们直观带来：一是知识创新，如某某新理论、新解释；二是技术创新，如重大技术发现。知识不断在更新，技术不断在进步，学术交流也必将不断地循环进行。

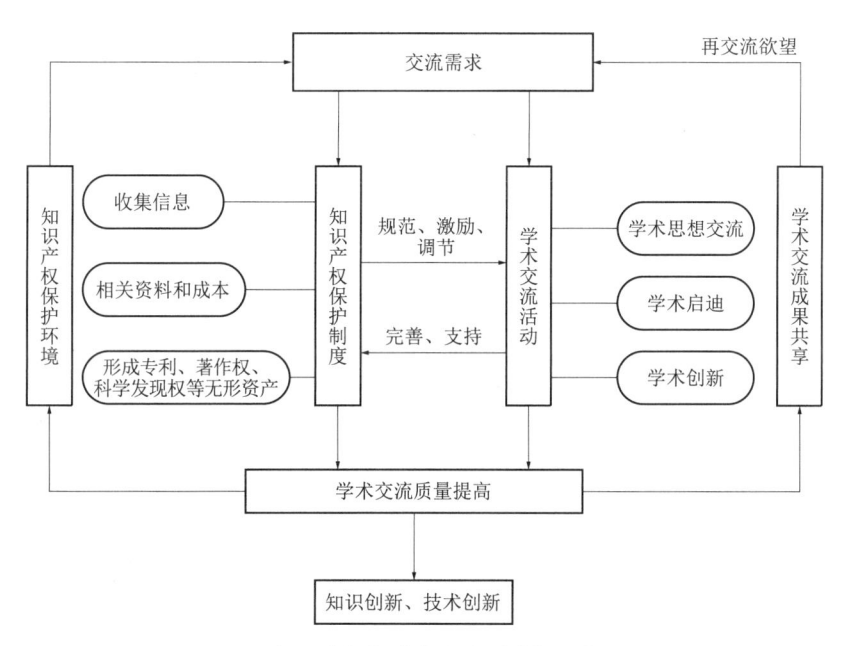

图6-1 知识产权与学术交流活动相互作用机理

学术交流质量的提高，既是知识产权保护制度发挥作用的出发点，又是进行学术交流活动的目的。一方面，通过收集信息，进行相关资料和成本分析，最终运用专利、著作权、科学发现权等知识产权保护制度对学术交流活动的各个方面，包括学术思想交流、学术启迪和学术创新进行规范、激励和调节；另一方面，通过对学术交流活动中产生的新问题来不断完善、发展现行的知识产权保护制度，以提高学术交流质量为目标，最终形成一个在知识产权保护环境下的学术交流良性循环机制。

此外，要强化国际学术交流中的知识产权管理，充分学习领会国际公约惯例以及国际科技合作协议，强化知识产权属于私权的意识观念，充分理解国际公约条款的要求。

6.3.5 加强国际学术交流中心基础设施建设，以会聚才，以才促会

世界各国为在更高层次上、更广范围内吸引人才，纷纷推行平台政策，打造事业平台载体，以此形成"以会聚才，以才引才"的链式效应。我国应加强科技领域的基础设施建设，打造留学生创业园、高新技术区、工程技术科研中心等，从政策、资金、硬件设施等各方面提供支持，充分发挥这些载体在人才引进与培养方面的平台作用，积极打造高科技人才的培育基地。深入开展国家人才特区改革试点工作，积极探索关于人才发展的政策措施。应进一步完善与各国之间的科技交流和协作，广泛开展国际重大科研项目，积极吸引国外领先的技术公司、院校及科研院所进入中国本地开展研究，增加我国国际重大合作项目架构下的人才合作参与度。

同时，还要注重人才合作培育机制多样化，通过对国家重大专项的遴选与立项，引导培养一大批技术领军人才和创新型队伍。创新发展载体建设，加快发展国外人力资源市场。改革目前简单的吸引国外智力投资项目申请方法，设立专项基金，通过设立"海外高层次人才创业项目资助""国际合作创新团队资助计划"等基金载体，全面吸纳国外高端人才来中国开展投资创业和技术创新，同时制定对有关创新团体、专家队伍以及国外合作伙伴的吸引优惠政策。积极参与、开展国外合作项目，积极做好国际交流。

目前中美科技竞争加剧，同时在全球范围内都存在人才供不应求的状况，因此我国可以采用灵活多样的方式直接借用外国人才。具体可采取利用企业技术项目吸引国外人才参与，或借用外国人才来华进行咨询服务，同时引导国内的科研人员以专业座谈会、参观、科研交流活动等形式"走出去"，并在相互流动中进行对智慧资源的合理引进与使用。目前，我国已同160余个发达国家或地方政府

建立了经济技术协作关系，参与的国际机构和多边机制已达到了200多个。负责国际学术会议人才专家引进的专门机构和组织应在争夺人才资源的角度发挥主动性，扮演猎头角色主动挖掘人才。可以学习新加坡的做法，建立类似"联络新加坡"这样的组织或平台，直接面向高科技人才、高端人才，负责为人才引进提供咨询与帮助。

另外，重视在学术交流过程中专家和听众之间的沟通，并按照互学互鉴的基本原则，由单面沟通转为双边沟通，增强多元互动，提高国际学术交流的质量与效果。充分发挥本市的人力资源政策与自身特色举措，建立在特定应用领域的优势和虹吸效应，并且强调以会引才、以赛引才、活动引才并举，积极引导集聚中高端人力资源。发挥北京市"海英计划""雁栖计划""亦麒麟"人才创新工程等作用，从人才的高度、广度、厚度及评选方式等方面进行创新，既注重技术人才，也注重创新交流人才，全面链接支撑国际科技学术交流建设的"创新合伙人"。强化政府导向，制定人力资源发展专项资金，在北京市首发人才基金。同时配套健全的服务体系，进行人才培养工作的多维度支撑和全面发展。积极创造全域"类海外"人才生活环境，并加速构筑百万平方米的国际人才社区。

6.3.6 以科学外交推动国际学术交流中心建设

科学无国界，创新无止境。我国通过继续积极加入世界科学技术创新网络，培养人类命运共同体意识，广泛地积极参与世界科学技术治理，积极发起国际性科学技术话题，提高科学技术的国际化水准和影响力，对世界科学技术创新能力的贡献已大幅提高，成为世界科学技术创新版图中关键一极。科学外交泛指把科技发展和外交结合在一起，以实现国家的外交目标和促进科学技术发展。AAAS服务于国家对外发展大局的特色非常明显。在美国政府同中东、拉美和欧洲的部分大国外交伙伴关系发展不太顺畅之际，AAAS积极利用科学技术外交构筑了美国政府与民间科学技术沟通的主要桥梁，从而推动了美国政府整个对外伙伴关系的进展以及国家与民间的科学技术互信。例如，组团出访叙利亚、韩国等，同古巴和伊朗等国建立科学技术外事伙伴关系、进行国外科研项目协作。以科学技术为纽带，促进各国科学家交往，从而增进相互理解与信赖。在崭新的国际关系的背景下，探讨科学外交问题变得尤为重要。北京市科协也应该学习并借鉴AAAS的科学外交活动，借助外交手段，使科学技术成为国与国之间相互沟通和交流的桥梁。

以倡导和传播科学精神为核心。AAAS作为科技共同体，本身的价值观即是对科学技术精神的敬畏、理解与推崇，并致力于推动科学技术辐射到人类社会生活的各个方面，AAAS所进行的对外社会活动也都秉承着这个价值观。AAAS 2008年年会的宣传标语为"AAAS是科学的力量"，强调"以证据为基础的科学政策"和"科学资助"。同时在对外的科学技术合作中，也致力于增强利用科学技术途径处理当前世界存在的问题与挑战的能力。北京市科协作为中国最大的科技组织、科技工作者之家，也应发挥自己的资源优势，大力弘扬科学家精神，使我国更多的科学家登上世界舞台。

充分发挥优秀科学家的科学外交作用。科学家智慧集团效应，并非指众多科学家智慧的单一叠加，而是指科学家智慧的互相碰撞、彼此启发与合作研究。在2016年和2017年的报道中，可以发现AAAS更加重视在全球协作中科学家的个人角色。北京市科协也应该为我国优秀科学家参加国际科技外交活动提供平台，主动介绍我国科研人员到主要的国外科学机构工作，积极参加国外科技交流活动和合作项目，积极进行海外的科研协作与个人交往；同时，也为我国科学家参加国际科学外交开展相应的国际学术培训交流活动。

6.3.7 提升学术会议的数量、质量，推动创新主体进行充分的交流合作

近几年，中国科协组织的学术会议数量呈下降趋势，境内国际学术会议数量也未出现明显增长，学术会议在创新平台建设中的作用发挥不充分。对此，首先要保证学术会议的数量能够处于一个稳中有升的态势，并丰富学术会议的种类，提升高水平学术会议与境内国际会议在学术会议总量中的比例，以此促进学科自身建设、学科之间的交流与进步，加速创新主体之间的交流与合作。其次要丰富学术会议形式，用"线上+线下"的模式，扩大参与范围，增强学术会议的影响力。受新冠疫情影响，线下学术交流处于被动局面，产生了诸如主办方财政损失、会议资源浪费、参与人员受限等诸多问题。相比之下，线上会议对场地的限制较少，可以减少资源消耗节约会议成本，与会方式更加便捷且参会率较高。由此观之，搭建"线上+线下"学术会议交流平台，通过线下设置主会场，经由网络平台技术同步进行线上直播，扩大学术会议的影响范围，增强学术会议的种类与互动性，以新技术赋能学术交流，对于新时代下创新平台的建设发展来说意义重大。

6.3.8 建立专业化人才队伍

人才作为物质资料生产活动中最重要、最活跃、最有创造力的要素，是推动创新驱动发展、建设创新型国家的关键。为解决我国科技社团专业化人员严重缺失的问题，首先针对所有成员单位举办专业性较强、内容类型丰富、形式多样的培训交流活动，不断提升其专业技术能力和科学技术素养。其次要注重外部人才培养，加强对社团专业技术人员的引进力度，以促进科技社团人员专业化技术水平的整体提高。科技社团应适当提高人才待遇，切实解决科技工作者所关心的社会保障问题。科技社团内部应定期开展多样化的交流活动，弘扬科技社团文化，强化科技工作者的归属感与认同感，增强社团人才凝聚力。要完善奖励和晋升机制，对在协会内表现积极、工作成绩突出的人员适时予以表扬奖励，要给协会内成员创造公平的晋升机会，把个人的成长与科技社团的发展紧密联系在一起，让人才实现个人价值与社会价值的同时，也促进科技社团发展壮大，为科技创新驱动发展提供更加强大的力量。

6.3.9 加强重点领域和方向的国际学术交流

一方面，给予经费和政策方面的支持；另一方面，对学术会议进行绩效考评，对于学术水平高、影响力大、有利于解决科学和技术问题，以及科技创新的学术会议给予奖励，引导学术会议发展的方向。

1. 支持特色明显、学术水平高的精品国际会议

提议国家有关主管部门制定精品国外学术会议扶持规划，重点扶持在华举办的优秀国外学术会议。一方面，促进我国科学家广泛开展全球学术交流；另一方面，鼓励我国科研人员越来越关注专业国际会议的品质与社会效益，进一步提升专业学术国际会议的专业水准与规范化程度。基于我国科学发展需要，富有优势特点与潜力的国外专业学术大会，应予择优资助，并协调处理相关问题。

2. 针对相关问题，举办针对性的学术交流与讲座

重点支持能解决相关问题，并能给出具体思路和办法的学术交流项目和讲座。如：药理学学科中针对合理用药、新药研究等；科学问题，如药物相互作用机理、药物靶点和生物调节网络的相互关系等；科技问题，如新药理学研究方法及药物开发瓶颈关键技术、底层核心技术、前瞻性创新关键技术等。

3. 鼓励多学科交叉性学术会议

多学科交叉是现代科技发展的必然趋势，是科学技术创造的重要源头，也是

学科增长点最主要的源泉所在。采用多学科融合或跨专业研讨问题，也是当代中国科学研究与工程技术领域解决重大问题的创新方式，可以激发新理念、新思路，许多重大科研难题都是借助于多学科交叉研究和协作而得以破解的。所以，建议并鼓励两个或多个学会共同举办国际科学学术交流大会，这对拓宽人们眼界、启迪新思维有积极意义。

4. 支持与国家科技计划紧密结合的学术会议

紧密结合我国国家重大科技计划组织执行工作的需要，积极组织举办国际学术交流会议和讲座，并形成国家重大科技计划实施过程中学术交流制度，以协助"重大新药创制"等科技计划重大专项执行，并根据重大专项实施过程中出现的问题进行学术交流和探讨，以服务科学创新。

5. 支持与区域创新和行业发展趋势紧密结合的研究学术会议

与行业发展和地方科技相结合，进行学术团体—科企、学术团体—地方等多种形式的合作学术活动，使学术交流活动为地方科学创新发展服务。另外，加强与学术团体和企业间的技术协作，为破解技术难题进行技术咨询或辅导，以增强科技创新能力。

6. 鼓励支持我国科学家在国际组织任职

通过参与国际学术交流和国际机构事务，大力促进我国科研人员到国外学术机构中工作，提升我国科研人员在国外学术机构中参与度、话语权和影响力。同时，为我国科学技术创新的可持续发展和全球地位的进一步增强，有计划地酝酿和培育国际组织后备人员。

6.3.10 构建全方位、多元化、高质量的学术交流平台

借助国际广泛的信息交流平台开展各类高层次学术活动，是科研信息机构进一步提升在国内外知名度与影响力的必然需要。广泛的学术交流平台有利于科技信息机构吸纳各种新理念、新观念、新科技，有利于形成高水平、高质量的科研成果和推广成果，也有利于提高科技信息机构的国际影响力和知名度。建立全方位、多元化、高质量的国际学术交流平台，还可以借助构建多层次的国际学术研究系统、建立国际国内学术交流品牌等手段实现。

1. 构建多层次的学术研究制度

围绕各学科领域的重点、难点、热点问题，主要面向国家政策制定者、起草者以及海内外著名专家学者，形成高规格的峰会对话、专题性学术讲座、时事问

题讨论会，以及各种层面和类别的系列专项性学术研究体系。

2. 积极打造国际学术交流品牌

根据学科领域的全球性热门议题，充分运用专业组织、企业协会的平台，结合高等院校、科研机构等组织或社团，采取赞助、合办、承办等方法，聘请海内外政要与著名专家学者开展全球研究交流活动，并定期召开高峰论坛，建立档次高、具有广泛影响力的高端论坛品牌，进一步掌握学科领域的国际学术话语权。

6.3.11 建立健全学术交流工作管理制度

学术交流工作管理制度，为顺利有序进行国际学术交流工作提供了制度保障。

1. 建立健全组织管理机构

灵活建立适应国际新常态下科学技术信息工作发展态势的学术交流管理和实施组织，主要分为领导小组和工作小组。领导小组主要承担指导学术交流工作的总体策略、顶层设计、长远规划，并做好科研机构的总体形象设计与对外宣传。工作小组则主要承担指导学术交流工作的具体开展和落实，例如全面分析科学研究服务工作，正确定位项目，指导各环节的服务工作，并总结出有利于学术交流与对外传播的服务内容；每年制定若干面向国际交流的项目，将研究成果作为与国内外对口机构开展交流与合作的基础；制定学术交流产业体系发展计划，从总体上规划、研究、设计、包装与引进。工作小组还应成立学术交流产品编审与宣传部门，承担有关学术交流产品的编撰、解密、出版与推广，并每年以年度项目形式落实给编委会，力求实现对项目、人才、费用的全面保障。

2. 建立健全规范制度

根据国际新常态下科学技术信息工作发展状况和合作单位实际，研究编制学术交流工作的实施方案，确定队伍基础、重点任务、责任分配、工作机制、学术交流产品、人员培训等内容，为学术交流工作的顺利开展提供制度保障，并按照形势变化和任务要求保证制度的及时有效更新。

6.3.12 建立健全开放式的学术会议体系，构建线上线下结合的学术引领模式

学术会议是期刊论文发表以外另一个非常重要的学术交流模式，是无法取代的面对面直接交流研讨的方法。一般来说，科学家对于最新、最重大的研究成果会第一时间在学术会议上公布（正规学术交流系统），之后才会写成论文在学术

期刊（另外一种正式学术交流系统）或他人载体上（非正式学术交流系统）公布。学术会议的活跃度和科研活动的创新程度成正比，并有着积极的互动关系。应当促进各类专业社区、不同规模、各种范围、不同主题的学术会议、学术讨论和学术沙龙，以引导思维的碰撞，激励学术争鸣，并由此促进学术研究的创新发展。学术会议要统筹规划和设计，因需而开会，利用学术会议研究和处理学术问题，避免为了开会而开会，避免文山会海，不开展无效的学术会议，注重开会的效率和效果。要将线上会议和线下会议相结合，优先考虑线上会议。2020年的新冠疫情，使得线上会议的优越性得到了充分的体现，节省了时间、成本和旅途的劳顿。线上视频会议体系的完备也极大完善了视频会议的效果。当前，不论是线上视频会议还是线下会议，都需要处理两个问题。一是学术会议要以学术交流为主要目的，但不应以营利为目的，而要以学术策划为主，重视会议的学术内涵和学术品质。应由专业组织、学术团体共同负责设计学术会议的内容和形式，积极树立学术会议的品牌价值，建立学术会议的国际影响力和社会口碑，形成良性的国际学术交流社区，引导和促进科研工作与国际学术交流的蓬勃发展。二是构建学术会议平台体系，可以对国际、全国和区域性、专题性的学术会议进行信息跟踪与采集、内容检索与挖掘、影响力与效果评价，并实现对会议内容的长期保存。亟待形成针对国内外举办的各种学术会议的信息门户体系，对在国内外举办的各类学术会议信息进行统一注册登记并及时发布，保存这一重要的学术资源，传播会议成果，促进对会议内容与会议成果的再利用。

6.3.13 充分发挥科技的驱动作用，进一步强化传统媒体和新媒体融合的学术传播模式

以纸质为特征的传统媒体和以数字为特征的新媒体形成两大媒体阵营，虽然在可预料的未来，两者将并行不悖，但二者融合的态势越来越明显。传统媒体和新媒体之间并非取代的关系，而是相互融合的关系。学术传播要充分发挥各种新技术的传播优势和驱动作用，做到两个媒介的优势互补、相得益彰，促进学术传播以多种手段、多个平台、多个途径实现更广泛的信息传递，从而最大限度地提高学术传播的有效性。从某种意义上说，科学技术研究成果的价值就是传播，没有广泛、及时、精准的传播，科学研究成果的作用将无法完整地显现。2020年9月，中共中央办公厅、国务院办公厅颁布了《关于加快推进媒体深度融合发展的意见》，成为推动新媒体发展的重要纲领性文件。当前，学术传播要重视引进数

字技术、互联网科学技术和以大数据分析、云计算、区块链等为典型代表的新兴技术，重视语义出版技术的应用，努力形成以信息驱动传播为手段、以媒介信息融合传播为特色的全新学术传播模式，使学术传播工作流程与大数据关联、数据挖掘、统计分析、知识发现融合，为使用者提供全方位、增值性的知识服务。在现代信息技术的驱使下，学术知识传播并非线性的过程，而是增加了各种分析功能的智慧体系，从而提高了对学术知识内涵的了解与认识，并完成了在大数据分析模式下对学术知识内涵的再利用。学术交流的整个过程都要充分发挥媒介信息融合的优点，以达到学术交流的即时性、有效率和精准性。唯有如此，才能更好地满足科研人员的需求，满足科技创新的要求。

参 考 文 献

[1] 金玲娟,韩玺. 美国高校图书馆数字学术中心调查研究[J]. 图书馆, 2018(6):61-67+85.

[2] 田燕飞,盛小平. 美国高校图书馆数字人文服务研究及启示[J]. 图书馆工作与研究,2019(8):32-40.

[3] 刘晴,卢凤君,杨巧英. 学术交流与智库建设协同创新的机制和对策研究[J]. 科技创新与品牌,2021(10):64-67.

[4] 赵红州. 科学能力学引论[M]. 北京:科学出版社,1984.

[5] 习近平关于科技创新论述摘编[M]. 北京:中央文献出版社,2016.

[6] 林泽斐. 英国数字人文项目研究热点分析——基于DHCommons项目数据库的实证研究[J]. 情报资料工作,2018(1):97-104.

[7] 鄂丽君. 美国高校图书馆数字学术空间建设调查分析[J]. 图书与情报,2017(4):18-24.

[8] 缪学超,李钟钰. 走向国际合作的教育援助——德国学术交流中心案例研究[J]. 比较教育研究,2020,42(8):81-88.

[9] German Academic Exchange Service. Annual Report[EB/OL]. [2020-05-12]. https://www.daad.de/en/the-daad/communication-publications/reports/annualreport/.

[10] Centers[EB/OL]. [2020-12-11]. http://dhcenternet.org/centers.

[11] 先卫红. 美国大学图书馆参与数字人文课程教育调查与分析[J]. 图书情报工作,2018(22):139-145.

[12] 朱娜. 数字人文的兴起及图书馆的角色[J]. 图书馆,2016(12):17-22+48.

[13] 王新雨. 面向数字人文的图书馆知识服务模式研究[J]. 图书馆工作与研究,2019(8):71-76.

[14] 杨友清,王利君,王东亮. 加拿大高校数字学术中心调查分析与启示

[J]. 图书馆学研究, 2020 (9): 52-59.

[15] AEIC 学术交流中心 [DB/OL]. [2021-07-12]. https://www.keoaeic.org/.

[16] 国际理论物理中心 [DB/OL]. [2021-07-12]. https://baike.so.com/doc/1475410-1560110.html.

[17] 谢薇, 卢胜军, 丛姗, 等. 我国科技信息机构学术交流工作现状及创新研究——新常态下 TECPPA 机制 [J]. 情报理论与实践, 2015, 38 (9): 47-50+13.

[18] 中国科协 2020 年度事业发展统计公报 [DB/OL]. [2020-12-12]. https://www.cast.org.cn/art/2021/4/30/art_97_154637.html.

[19] 北京市科协系统 2019 年统计公报 [DB/OL]. [2020-12-12]. https://www.bast.net.cn/art/2020/12/14/art_23362_483418.html.

[20] 北京科技年鉴 2019. [M]. 北京: 北京科学技术出版社, 2019.

[21] 习近平向 2021 中关村论坛视频致贺 [DB/OL]. [2020-12-12]. https://www.zgcforum.com.cn/zh/newsltdt/20210924/3951.html.

[22] 张丽, 苏丽荣. 美国科学促进会（AAAS）科学外交的回顾与启示（2008—2017 年）[J]. 今日科苑, 2019 (4): 76-85.

[23] AAAS [DB/OL]. [2020-12-12]. https://www.aaas.org/fellows.

[24] DAAD [DB/OL]. [2020-12-12]. https://www.daad.de/en/the-daad/communication-publications/reports/annual report/.

[25] 中国国际科技交流中心 [DB/OL]. [2020-12-12]. https://www.ciste.org.cn/inde学术交流.php?m=content&c=inde学术交流&a=lists&catid=59.

[26] 中国国际科技交流中心与浙江省科协共商国际学术交流中心建设 [DB/OL]. [2020-12-12]. https://www.ciste.org.cn/inde学术交流.php?m=content&c=inde学术交流&a=show&catid=18&id=2368.

[27] 2019 年世界公众科学素质促进大会在北京召开 [J]. 自然科学博物馆研究, 2019, 4 (5): 43.

[28] 亚欧科技创新合作中心 [DB/OL]. [2020-12-12]. http://www.aseminnovation.org.cn/zh-hans/cooperation.

[29] 刘清, 李宏. 世界科创中心建设的经验与启示 [J]. 智库理论与实践, 2018, 3 (4): 89-93.

[30] 叶文忠, 刘友金. 基于集群创新优势的区域国际竞争力 [J]. 社会科

学家, 2007 (3): 69-72.

[31] 易铺智库. 特色小镇全程操盘及案例解析 [J]. 安家, 2018 (6): 12.

[32] 谢明栩. 高新技术企业空间集聚对地区经济增长影响研究 [D]. 兰州: 西北师范大学, 2018.

[33] 马宗国, 赵倩倩. 国际典型高科技园区创新生态系统发展模式及其政策启示 [J]. 经济体制改革, 2022 (1): 164-171.

[34] 2021年中国 (陕西) 美国 (硅谷) 科创项目合作交流会成功举行西安市人民政府 [DB/OL]. [2020-12-12]. http://www.xa.gov.cn/xw/zwzx/qxrd/6136d5f6f8fd1c0bdc5026a7.html.

[35] 孔鹏, 赵河. 美国北卡三角科技园: 政府、大学、企业共同打造的世界级园区 [J]. 河南教育 (下旬), 2011 (11): 44-45.

[36] 张俊军. 美国高科技园的启示及广西园区经济发展建议 [J]. 经济研究参考, 2011 (59): 51-59.

[37] 刘芹, 张永庆, 樊重俊. 中日韩高科技园区发展的比较研究——以中国上海张江、日本筑波和韩国大德为例 [J]. 科技管理研究, 2008 (8): 122-124+130.

[38] 闫国庆. 以生态学视角探索区域产业技术驱动优势——评《浙江省产业技术创新生态系统研究》[J]. 科技资讯, 2019, 17 (9): 232-234.

[39] 田娴. 虚拟园区运作机制及其创新研究 [J]. 科技和产业, 2006 (9): 60-63.

[40] 纪慰华. 德国集群策动计划对浦东高新技术产业发展的启示 [J]. 城市发展研究, 2015, 22 (4): 13-18+45.

[41] 陈套. 科技强国视域下合肥市创新能力评估与提升路径比较研究 [J]. 科学管理研究, 2019, 37 (1): 46-50.

[49] 王立军, 王书宇. 四大综合性国家科学中心建设做法及启示 [J]. 杭州科技, 2020 (6): 22-28.

[43] 董洁, 张素娟, 孟潇. 我国医疗器械产业创新生态系统演化研究 [J]. 中国卫生事业管理, 2020, 37 (11): 876-880.

[44] 陆薇. 无锡市制造业产业链招商模式的优化与对策研究 [D]. 南京: 东南大学, 2019.

[45] 李海洋. 沈阳金属新材料产业园招商引资对策研究 [D]. 沈阳: 沈阳

大学，2016.

[46] 杨亚琴. 张江创新发展的思考——来自中国的案例 [J]. 社会科学，2015（8）：31-39.

[47] 叶茂，江洪，郭文娟，等. 综合性国家科学中心建设的经验与启示——以上海张江、合肥为例 [J]. 科学管理研究，2018，36（4）：9-12.

[48] 凤麒. 上海国际医学园区集团有限公司促进园区发展的问题与策略研究 [D]. 上海：华东理工大学，2017.

[49] 张洪石，李世泽，甘日栋，等. 百舸争流 奋楫者先 山东浙江两省县域经济发展典型案例剖析 [J]. 广西经济，2017（4）：14-22.

[50] 钟晓辉. 科技金融视角下地方经济动能转换问题研究 [D]. 长春：吉林大学，2020.

[51] 杨凯，张臻. 2018科技盘点 以新的不凡创造，再次突破 [J]. 华东科技，2019（2）：26-27.

[52] 张颖莉. 光明科学城未来发展的对策和建议 [J]. 内蒙古科技与经济，2020（16）：20-22.

[53] 北京市科学技术协会. 北京怀柔综合性国家科学中心第二届雁栖人才论坛举办 [DB/OL]. [2020-12-12]. https://www.bast.net.cn/art/2021/11/20/art_ 23312_ 497443.html.

[54] 齐济. 后疫情时代的北京智慧城市发展 [J]. 科技传播，2021，13（13）：54-56.

[55] A股"隐形冠军"系列，中小市值之王！[DB/OL]. [2020-12-12]. https://www.sohu.com/a/388293805_ 447196.

[56] 雷李楠. 战略谋划对中国制造业隐形冠军企业成长性的作用机制研究 [D]. 杭州：浙江大学，2018.

[57] 贾孟哲. 陕西省技术交易发展规模预测 [D]. 西安：西安电子科技大学，2014.

[58] 北京怀柔出台"雁栖计划"每年出资1亿延揽集聚优秀人才行动计划 [DB/OL]. [2020-12-12]. https://www.sohu.com/a/276132333_ 114731.

[59] 朱竞若，贺勇. 构筑北京高水平开放新优势 [N]. 人民日报，2021-09-09（16）.

[60] 张杰. 首都高精尖产业体系与减量发展 [J]. 北京工商大学学报（社

会科学版），2018，33（6）：1-9.

［61］孙若丹，孟潇，李梦茹，等. 北京建设国家实验室的路径研究——以英国卡文迪什实验室为例［C］//创新发展与情报服务，2019：222-231.

［62］中关村国家自主创新示范区展示交易中心［DB/OL］.［2020-12-12］. http：//www. zgcec. cn/.

［63］国家会议中心［DB/OL］.［2020-12-12］. https：//www. cncchina. com/.

［64］北京国际展览中心［DB/OL］.［2020-12-12］. http：//www. biec. com. cn/.

［65］北京展览馆［DB/OL］.［2020-12-12］. https：//www. epon. cn/information/centerDetail/id/16.

［66］袁帅. 中国会展业的国际竞争力分析［D］. 长春：吉林大学，2010.

［67］马昕晨，冯缨. 基于扎根理论的新媒体信息质量影响因素研究［J］. 情报理论与实践，2017，40（4）：32-36+48.

［68］倪富玲. 对现代信息资源需求的认识与分析［J］. 科技创业家，2012（20）：15+162.

［69］黄传慧. 基于情景化用户偏好的学术信息行为研究述评［J］. 情报学报，2018，37（8）：854-860.

［70］习近平. 在中国科学院第十九次院士大会、中国工程院第十四次院士大会上的讲话［N］. 人民日报，2018-05-29（02）.

［71］习近平. 加快推动媒体融合发展构建全媒体传播格局［J］. 前线，2019（4）：4-7.

［72］智能新时代：新动能、新格局、新活力［DB/OL］.［2020-12-12］. https：//www. 360kuai. com/pc/9d58c81676ef9fe7a？cota=3&kuai_so=1&tj_url=so_vip&sign=360_57c3bbd1&refer_scene=so_1.

［73］宋汉元. 我国科技社团服务创新驱动发展路径研究［J］. 科学管理研究，2021，39（5）：56-64.

［74］穆鑫，赵颖，周文霞，等. 药理学国际学术交流在科技创新中的作用研究［J］. 中国药理学通报，2019，35（5）：593-597.

［75］初景利. 高端交流平台建设需要创新学术交流模式［J］. 智库理论与实践，2021，6（1）：7-9.

附件1 国际学术交流创新主体汇总

A. 北京独角兽企业榜单（截至2022年4月）

序号	公司名称	创建时间	估值/亿元	所属行业
1	字节跳动	2012	22 500	新媒体
2	京东科技	2013	2000	数字经济
3	元气森林	2016	950	新消费
4	高汤科技	2014	770	数字经济
5	阳光保险	2005	700	金融科技
6	车好多	2011	650	电子商务
7	58同城	2005	550	软件服务
8	美菜网	2014	450	电子商务
9	自如	2011	400	软件服务
10	黄家	2010	375	电子商务
11	小马智行	2016	350	新汽车
12	橙心优选	2018	320	电子商务
13	比特大陆	2013	320	金融科技
14	地平线机器人	2015	320	硬件
15	艾美疫苗	2011	300	医疗健康
16	VIPKID	2013	293	新媒体
17	妙手医生	2011	276	电子商务
18	旷视科技	2011	270	数字经济
19	圆心科技	2015	270	医疗健康
20	凡客诚品	2006	195	电子商务

续表

序号	公司名称	创建时间	估值/亿元	所属行业
21	转转集团	2015	195	电子商务
22	度小满金融	2018	195	金融科技
23	第四范式	2015	195	数字经济
24	明略科技	2014	195	数字经济
25	平凯星辰	2015	195	数字经济
26	一下科技	2011	195	新媒体
27	作业帮	2015	195	新媒体
28	初速度 Momenta	2016	195	新汽车
29	屹唐半导体	2015	195	硬件
30	十荟团	2018	170	电子商务
31	博纳影业	2003	160	新媒体
32	DMALL 多点	2015	160	新消费
33	便利蜂	2017	160	新消费
34	京东工业品	2017	150	电子商务
35	惠民公司	2013	130	电子商务
36	蜀海	2011	130	供应链物流
37	快狗打车	2017	130	供应链物流
38	慧策集团	2012	130	企业服务
39	Keep	2014	130	软件服务
40	麒麟合盛 APUS	2014	130	软件服务
41	马蜂窝	2006	130	新消费
42	高济医疗	2017	130	医疗健康
43	瑞尔齿科	1999	130	医疗健康
44	思派健康	2014	130	医疗健康
45	百度昆仑芯	2021	130	硬件
46	粉笔教育	2015	127	新媒体
47	北森	2005	120	企业服务
48	天眼查	2014	115	软件服务

续表

序号	公司名称	创建时间	估值/亿元	所属行业
49	途家网	2011	110	软件服务
50	九次方大数据	2010	110	数字经济
51	天数智芯	2015	101	硬件
52	微店	2011	100	电子商务
53	易久批	2014	100	电子商务
54	中商惠民	2013	100	电子商务
55	闪送	2014	100	供应链物流
56	纷享销客	2011	100	企业服务
57	航天云网	2015	100	企业服务
58	悦畅科技	2012	100	软件服务
59	达闼科技	2015	100	数字经济
60	影谱科技	2009	100	数字经济
61	一点资讯	2012	100	新媒体
62	爱康	2004	100	医疗健康
63	叮当快药	2014	100	医疗健康
64	零冠科技	2014	100	医疗健康
65	蓝箭航天	2015	100	硬件
66	奕斯伟	2019	100	硬件
67	小猪	2012	98	新消费
68	口袋时尚	2011	91	电子商务
69	58家政	2014	90	软件服务
70	数坤	2017	90	医疗健康
71	云智慧	2009	85	企业服务
72	腾云天下	2011	85	数字经济
73	银河航天	2018	85	硬件
74	彼悦	2016	80	电子商务
75	印象笔记	2012	80	软件服务
76	云知声	2012	80	数字经济

续表

序号	公司名称	创建时间	估值/亿元	所属行业
77	快看漫画	2014	80	新媒体
78	驭势科技	2016	80	新汽车
79	天广实生物	2003	80	医疗健康
80	爱笔智能	2018	78	数字经济
81	琵琶编码	2017	78	新媒体
82	蓝湖	2016	70	企业服务
83	农信互联	2003	70	软件服务
84	罗辑思维	2012	70	新媒体
85	Cider	2020	65	电子商务
86	本来集团	2012	65	电子商务
87	花生好车	2015	65	电子商务
88	酒仙网	2010	65	电子商务
89	蜜芽	2011	65	电子商务
90	人人车	2014	65	电子商务
91	我买网	2009	65	电子商务
92	罗计物流	2014	65	供应链物流
93	积木盒子	2013	65	金融科技
94	中关村科金	2007	65	金融科技
95	纷享逍客	2011	65	企业服务
96	Moka	2015	65	软件服务
97	氪空间	2016	65	软件服务
98	脉脉	2013	65	软件服务
99	首汽约车	2015	65	软件服务
100	翼鸥	2014	65	软件服务
101	G7物联网	2011	65	数字经济
102	闪银奇异	2014	65	数字经济
103	小冰	2020	65	数字经济
104	慧科集团	2010	65	新媒体

续表

序号	公司名称	创建时间	估值/亿元	所属行业
105	英雄互娱	2015	65	新媒体
106	毫末智行	2019	65	新汽车
107	智米科技	2014	65	新消费
108	博奥晶典	2012	65	医疗健康
109	春雨医生	2011	65	医疗健康
110	好大夫在线	2006	65	医疗健康
111	世和基因	2013	65	医疗健康
112	极智嘉	2015	65	硬件
113	天科合达	2006	65	硬件

（数据来源：胡润研究院）

B. 北京国家级专精特新小巨人企业名单（截至2022年9月）

序号	企业名称	注册区域
1	中机科（北京）车辆检测工程研究院有限公司	延庆区
2	北京诺亦腾科技有限公司	西城区
3	北京星际荣耀空间科技股份有限公司	西城区
4	北京博科测试系统股份有限公司	通州区
5	北京博宇半导体工艺器皿技术有限公司	通州区
6	北京创思工贸有限公司	通州区
7	北京宏诚创新科技有限公司	通州区
8	北京慧荣和科技有限公司	通州区
9	北京开运联合信息技术集团股份有限公司	通州区
10	北京市春立正达医疗器械股份有限公司	通州区
11	北京通美晶体技术股份有限公司	通州区
12	北京网藤科技有限公司	通州区
13	北京振冲工程机械有限公司	通州区
14	北京卓越信通电子股份有限公司	通州区

续表

序号	企业名称	注册区域
15	电信科学技术仪表研究所有限公司	通州区
16	国投信开水环境投资有限公司	
17	利江特能（北京）设备有限公司	
18	北京华泰诺安探测技术有限公司	顺义区
19	北京莱伯泰科仪器股份有限公司	
20	北京连山科技股份有限公司	
21	北京市京科伦冷冻设备有限公司	
22	北京数码视讯软件技术发展有限公司	
23	北京星箭长空测控技术股份有限公司	
24	北京中卓时代消防装备科技有限公司	
25	北京卓镭激光技术有限公司	
26	电王精密电器（北京）有限公司	
27	京磁材料科技股份有限公司	
28	仟亿达集团股份有限公司	
29	北京首钢朗泽科技股份有限公司	石景山区
30	北京唐智科技发展有限公司	
31	中电运行（北京）信息技术有限公司	
32	北京七一八友晟电子有限公司	平谷区
33	北京泰杰伟业科技有限公司	
34	北京美中双和医疗器械股份有限公司	密云区
35	超同步股份有限公司	
36	北京立思辰计算机技术有限公司	门头沟区
37	北京安智因生物技术有限公司	经济技术开发区
38	北京百普赛斯生物科技股份有限公司	
39	北京北方华创真空技术有限公司	
40	北京博鲁斯潘精密机床有限公司	
41	北京博清科技有限公司	
42	北京德为智慧科技有限公司	

续表

序号	企业名称	注册区域
43	北京迪玛克医药科技有限公司	经济技术开发区
44	北京国安广传网络科技有限公司	
45	北京航化节能环保技术有限公司	
46	北京和合医学诊断技术股份有限公司	
47	北京凌空天行科技有限责任公司	
48	北京美联泰科生物技术有限公司	
49	北京浦丹光电股份有限公司	
50	北京七星华创流量计有限公司	
51	北京千禧维讯科技有限公司	
52	北京赛赋医药研究院有限公司	
53	北京三盈联合石油技术有限公司	
54	北京世维通科技股份有限公司	
55	北京市科通电子继电器总厂有限公司	
56	北京踏歌智行科技有限公司	
57	北京泰策科技有限公司	
58	北京天空卫士网络安全技术有限公司	
59	北京天星博迈迪医疗器械有限公司	
60	北京唯迈医疗设备有限公司	
61	北京星和众工设备技术股份有限公司	
62	北京星网宇达科技股份有限公司	
63	北京宇翔电子有限公司	
64	北京昭衍生物技术有限公司	
65	北京昭衍新药研究中心股份有限公司	
66	北京中鼎高科自动化技术有限公司	
67	北京中纺化工股份有限公司	
68	北京中航智科技有限公司	
69	北京中铠天成科技股份有限公司	
70	北京中科金马科技股份有限公司	

续表

序号	企业名称	注册区域
71	煤科院节能技术有限公司	经济技术开发区
72	清能德创电气技术（北京）有限公司	经济技术开发区
73	托普威尔石油技术股份公司	经济技术开发区
74	新能动力（北京）电气科技有限公司	经济技术开发区
75	新石器慧通（北京）科技有限公司	经济技术开发区
76	长城超云（北京）科技有限公司	经济技术开发区
77	中航金网（北京）电子商务有限公司	经济技术开发区
78	中星联华科技（北京）有限公司	经济技术开发区
79	中冶赛迪电气技术有限公司	经济技术开发区
80	北京德风新征程科技有限公司	怀柔区
81	北京万维盈创科技发展有限公司	怀柔区
82	北京远舢智能科技有限公司	怀柔区
83	互联网域名系统北京市工程研究中心有限公司	怀柔区
84	阿依瓦（北京）技术有限公司	海淀区
85	北斗天汇（北京）科技有限公司	海淀区
86	北京爱尔达电子设备有限公司	海淀区
87	北京爱可生信息技术股份有限公司	海淀区
88	北京安声科技有限公司	海淀区
89	北京百瑞互联技术有限公司	海淀区
90	北京柏惠维康科技股份有限公司	海淀区
91	北京宝兰德软件股份有限公司	海淀区
92	北京北分瑞利分析仪器（集团）有限责任公司	海淀区
93	北京北化高科新技术股份有限公司	海淀区
94	北京北科天绘科技有限公司	海淀区
95	北京波尔通信技术股份有限公司	海淀区
96	北京博创联动科技有限公司	海淀区
97	北京博能科技股份有限公司	海淀区
98	北京呈创科技股份有限公司	海淀区

续表

序号	企业名称	注册区域
99	北京大道云行科技有限公司	海淀区
100	北京丹华昊博电力科技有限公司	
101	北京迪蒙数控技术有限责任公司	
102	北京鼎材科技有限公司	
103	北京烽火万家科技有限公司	
104	北京蜂云科创信息技术有限公司	
105	北京伽略电子股份有限公司	
106	北京格林威尔科技发展有限公司	
107	北京国科环宇科技股份有限公司	
108	北京国控天成科技有限公司	
109	北京国瑞升科技股份有限公司	
110	北京航天石化技术装备工程有限公司	
111	北京航天微电科技有限公司	
112	北京航天驭星科技有限公司	
113	北京航天众信科技有限公司	
114	北京和利时电机技术有限公司	
115	北京和升达信息安全技术有限公司	
116	北京宏动科技股份有限公司	
117	北京华创瑞风空调科技有限公司	
118	北京华峰测控技术股份有限公司	
119	北京华龙通科技有限公司	
120	北京华清瑞达科技有限公司	
121	北京华夏视科技术股份有限公司	
122	北京慧清科技有限公司	
123	北京机电研究所有限公司	
124	北京寄云鼎城科技有限公司	
125	北京佳格天地科技有限公司	
126	北京江南天安科技有限公司	

续表

序号	企业名称	注册区域
127	北京金轮坤天特种机械有限公司	海淀区
128	北京津发科技股份有限公司	
129	北京九天利建信息技术股份有限公司	
130	北京九章环境工程股份有限公司	
131	北京九章云极科技有限公司	
132	北京开普云信息科技有限公司	
133	北京科健生物技术有限公司	
134	北京科太亚洲生态科技股份有限公司	
135	北京理工雷科电子信息技术有限公司	
136	北京六方云信息技术有限公司	
137	北京美尔斯通科技发展股份有限公司	
138	北京凝思软件股份有限公司	
139	北京偶数科技有限公司	
140	北京轻网科技股份有限公司	
141	北京清畅电力技术股份有限公司	
142	北京全四维动力科技有限公司	
143	北京全网数商科技股份有限公司	
144	北京热华能源股份有限公司	
145	北京瑞莱智慧科技有限公司	
146	北京睿信丰科技有限公司	
147	北京赛诺膜技术有限公司	
148	北京山维科技股份有限公司	
149	北京深思数盾科技股份有限公司	
150	北京神网创新科技有限公司	
151	北京神州飞航科技有限责任公司	
152	北京石晶光电科技股份有限公司	
153	北京世纪高通科技有限公司	
154	北京思创贯宇科技开发有限公司	

续表

序号	企业名称	注册区域
155	北京思路智园科技有限公司	海淀区
156	北京速迈医疗科技有限公司	
157	北京索为系统技术股份有限公司	
158	北京索英电气技术有限公司	
159	北京钛方科技有限责任公司	
160	北京天地人环保科技有限公司	
161	北京天耀宏图科技有限公司	
162	北京天泽智云科技有限公司	
163	北京同创永益科技发展有限公司	
164	北京微纳星空科技有限公司	
165	北京维德维康生物技术有限公司	
166	北京维卓致远医疗科技发展有限责任公司	
167	北京鑫康辰医学科技发展有限公司	
168	北京医准智能科技有限公司	
169	北京亿赛通科技发展有限责任公司	
170	北京忆恒创源科技股份有限公司	
171	北京忆芯科技有限公司	
172	北京易捷思达科技发展有限公司	
173	北京易智时代数字科技有限公司	
174	北京鹰瞳科技发展股份有限公司	
175	北京永洪商智科技有限公司	
176	北京煜鼎增材制造研究院有限公司	
177	北京约顿气膜建筑技术股份有限公司	
178	北京月新时代科技股份有限公司	
179	北京云道智造科技有限公司	
180	北京云思畅想科技有限公司	
181	北京致远互联软件股份有限公司	
182	北京智网易联科技有限公司	

续表

序号	企业名称	注册区域
183	北京中持绿色能源环境技术有限公司	
184	北京中航科电测控技术股份有限公司	
185	北京中科飞鸿科技股份有限公司	
186	北京中科国润环保科技有限公司	
187	北京中科国信科技股份有限公司	
188	北京中科海讯数字科技股份有限公司	
189	北京中科慧眼科技有限公司	
190	北京中科晶上科技股份有限公司	
191	北京中科网威信息技术有限公司	
192	北京中庆现代技术股份有限公司	
193	北京中数智汇科技股份有限公司	
194	北醒（北京）光子科技有限公司	
195	博锐尚格科技股份有限公司	
196	触景无限科技（北京）有限公司	海淀区
197	大恒新纪元科技股份有限公司	
198	大唐融合通信股份有限公司	
199	大禹伟业（北京）国际科技有限公司	
200	飞天联合（北京）系统技术有限公司	
201	高拓讯达（北京）微电子股份有限公司	
202	国开启科量子技术（北京）有限公司	
203	国科天成科技股份有限公司	
204	海杰亚（北京）医疗器械有限公司	
205	海若斯（北京）环境科技有限公司	
206	航天神舟智慧系统技术有限公司	
207	航天智控（北京）监测技术有限公司	
208	航天中认软件测评科技（北京）有限责任公司	
209	华控清交信息科技（北京）有限公司	
210	基石酷联微电子技术（北京）有限公司	

续表

序号	企业名称	注册区域
211	江南信安（北京）科技有限公司	海淀区
212	昆仑太科（北京）技术股份有限公司	
213	昆腾微电子股份有限公司	
214	联泰集群（北京）科技有限责任公司	
215	梅卡曼德（北京）机器人科技有限公司	
216	奇秦科技（北京）股份有限公司	
217	清大国华环境集团股份有限公司	
218	三环永磁（北京）科技有限公司	
219	数据堂（北京）科技股份有限公司	
220	拓尔思天行网安信息技术有限责任公司	
221	泰瑞数创科技（北京）股份有限公司	
222	芯视界（北京）科技有限公司	
223	芯洲科技（北京）有限公司	
224	新奥特（北京）视频技术有限公司	
225	易显智能科技有限责任公司	
226	银河水滴科技（北京）有限公司	
227	中关村科学城城市大脑股份有限公司	
228	中化化工科学技术研究总院有限公司	
229	中科方德软件有限公司	
230	中科星睿科技（北京）有限公司	
231	中科驭数（北京）科技有限公司	
232	中瑞恒（北京）科技有限公司	
233	阳光凯讯（北京）科技有限公司	丰台区
234	北京澳丰源科技有限公司	
235	北京航天斯达科技有限公司	
236	北京航天益森风洞工程技术有限公司	
237	北京金控数据技术股份有限公司	
238	北京锦鸿希电信息技术股份有限公司	

续表

序号	企业名称	注册区域
239	北京军懋国兴科技股份有限公司	丰台区
240	北京科跃中楷生物技术有限公司	
241	北京三态环境科技有限公司	
242	北京实力源科技开发有限责任公司	
243	北京天拓四方科技有限公司	
244	北京同创信通科技有限公司	
245	北京万里开源软件有限公司	
246	北京沃丰时代数据科技有限公司	
247	北京倚天凌云科技股份有限公司	
248	北京元六鸿远电子科技股份有限公司	
249	北京中鼎昊硕科技有限责任公司	
250	北京中航泰达环保科技股份有限公司	
251	北京中宇万通科技股份有限公司	
252	北矿机电科技有限责任公司	
253	航天宏康智能科技（北京）有限公司	
254	卡斯柯信号（北京）有限公司	
255	龙铁纵横（北京）轨道交通科技股份有限公司	
256	全讯汇聚网络科技（北京）有限公司	
257	依文服饰股份有限公司	
258	中食净化科技（北京）股份有限公司	
259	北京八亿时空液晶科技股份有限公司	房山区
260	北京创新爱尚家科技股份有限公司	
261	北京航天恒丰科技股份有限公司	
262	北京金朋达航空科技有限公司	
263	北京史河科技有限公司	
264	北京卫蓝新能源科技有限公司	
265	基康仪器股份有限公司	

续表

序号	企业名称	注册区域
266	北京太格时代自动化系统设备有限公司	东城区
267	北京一数科技有限公司	
268	云和恩墨（北京）信息技术有限公司	
269	中能融合智慧科技有限公司	
270	北京海德利森科技有限公司	大兴区
271	北京航天和兴科技股份有限公司	
272	北京金印联国际供应链管理有限公司	
273	北京京仪北方仪器仪表有限公司	
274	北京人民电器厂有限公司	
275	北京天罡助剂有限责任公司	
276	北京云中融信网络科技有限公司	
277	北矿检测技术有限公司	
278	丰电科技集团股份有限公司	
279	华科精准（北京）医疗科技有限公司	
280	天普新能源科技有限公司	
281	安世亚太科技股份有限公司	朝阳区
282	北京北化新橡特种材料科技股份有限公司	
283	北京北旭电子材料有限公司	
284	北京博汇特环保科技股份有限公司	
285	北京国遥新天地信息技术股份有限公司	
286	北京汉王影研科技有限公司	
287	北京好运达智创科技有限公司	
288	北京华大九天科技股份有限公司	
289	北京七一八友益电子有限责任公司	
290	北京清大科越股份有限公司	
291	北京视界云天科技有限公司	
292	北京首都在线科技股份有限公司	
293	北京思凌科半导体技术有限公司	

续表

序号	企业名称	注册区域
294	北京天海工业有限公司	朝阳区
295	北京天泽电力集团有限公司	
296	北京握奇数据股份有限公司	
297	北京扬德环保能源科技股份有限公司	
298	北京有色金属与稀土应用研究所有限公司	
299	北京云恒科技研究院有限公司	
300	北京中科新微特科技开发股份有限公司	
301	合众环境（北京）股份有限公司	
302	康硕电气集团有限公司	
303	塞尔姆（北京）科技有限责任公司	
304	万华普曼生物工程有限公司	
305	新港海岸（北京）科技有限公司	
306	新华都特种电气股份有限公司	
307	中电科安科技股份有限公司	
308	中建材中岩科技有限公司	
309	中煤科工清洁能源股份有限公司	
310	艾美特焊接自动化技术（北京）有限公司	昌平区
311	爱美客技术发展股份有限公司	
312	北方天途航空技术发展（北京）有限公司	
313	北京广厦环能科技股份有限公司	
314	北京豪思生物科技股份有限公司	
315	北京利尔高温材料股份有限公司	
316	北京派尔特医疗科技股份有限公司	
317	北京浦然轨道交通科技股份有限公司	
318	北京神州安付科技股份有限公司	
319	北京市腾河电子技术有限公司	
320	北京市腾河智慧能源科技有限公司	
321	北京首钢吉泰安新材料有限公司	

续表

序号	企业名称	注册区域
322	北京万龙精益科技有限公司	昌平区
323	北京盈科瑞创新医药股份有限公司	
324	北京兆信信息技术股份有限公司	
325	北京中超伟业信息安全技术股份有限公司	
326	北矿新材科技有限公司	
327	国家电投集团氢能科技发展有限公司	
328	国能信控互联技术有限公司	
329	国能智深控制技术有限公司	
330	国网思极神往位置服务（北京）有限公司	
331	融硅思创（北京）科技有限公司	
332	天根生化科技（北京）有限公司	
333	铁科（北京）轨道装备技术有限公司	

（数据来源：北京市经济和信息化局）

C. 北京普通高等院校名单（截至 2022 年 9 月）

序号	学校名称	举办者名称	注册区域
1	中国政法大学	教育部	昌平区
2	华北电力大学	教育部	
3	中国石油大学（北京）	教育部	
4	中国消防救援学院	应急管理部	
5	北京农学院	省级教育部门	
6	北京交通职业技术学院	县级其他部门	
7	北京警察学院	省级其他部门	
8	北京化工大学	教育部	朝阳区
9	北京中医药大学	教育部	
10	中国传媒大学	教育部	
11	对外经济贸易大学	教育部	

续表

序号	学校名称	举办者名称	注册区域
12	中央美术学院	教育部	朝阳区
13	中华女子学院	中华妇女联合会	
14	北京工业大学	省级教育部门	
15	北京服装学院	省级教育部门	
16	北京第二外国语学院	省级教育部门	
17	首都经济贸易大学	省级教育部门	
18	中国音乐学院	省级教育部门	
19	北京信息职业技术学院	省级其他部门	
20	北京联合大学	省级教育部门	
21	北京青年政治学院	省级其他部门	
22	北京政法职业学院	省级其他部门	
23	北京经济管理职业学院	省级教育部门	
24	北京劳动保障职业学院	省级其他部门	
25	北京社会管理职业学院	省级其他部门	
26	北京印刷学院	省级教育部门	大兴区
27	北京石油化工学院	省级教育部门	
28	北京电子科技职业学院	省级教育部门	经济技术开发区
29	中央戏剧学院	教育部	东城区
30	北京协和医学院	国家卫生健康委员会	
31	中国社会科学院大学	中国社会科学院	房山区
32	北京农业职业学院	省级其他部门	
33	北京电子科技学院	中共中央办公厅	丰台区
34	首都医科大学	省级教育部门	
35	中国戏曲学院	省级教育部门	
36	北京戏曲艺术职业学院	省级其他部门	
37	北京体育职业学院	省级其他部门	
38	北京大学	教育部	海淀区
39	中国人民大学	教育部	

续表

序号	学校名称	举办者名称	注册区域
40	清华大学	教育部	海淀区
41	北京交通大学	教育部	
42	北京科技学	教育部	
43	北京邮电大学	教育部	
44	中国农业大学	教育部	
45	北京林业大学	教育部	
46	北京师范大学	教育部	
47	北京外国语大学	教育部	
48	北京语言大学	教育部	
49	中央财经大学	教育部	
50	国际关系学院	教育部	
51	中国矿业大学（北京）	教育部	
52	中国地质大学（北京）	教育部	
53	北京航空航天大学	工业和信息化部	
54	中国青年政治学院	共青团中央	
55	北京理工大学	工业和信息化部	
56	北京体育大学	国家体育总局	
57	中央民族大学	国家民委	
58	中国劳动关系学院	中华全国总工会	
59	北京工商大学	省级教育部门	
60	首都师范大学	省级教育部门	
61	首都体育学院	省级教育部门	
62	北京电影学院	省级教育部门	
63	北京舞蹈学院	省级教育部门	
64	北京信息科技大学	省级教育部门	
65	北京交通运输职业学院	省级其他部门	
66	北京京北职业技术学院	县级其他部门	怀柔区
67	首都经济贸易大学密云分校	县级其他部门	密云区

序号	学校名称	举办者名称	注册区域
68	中国科学院大学	中国科学院	石景山区
69	北方工业大学	省级教育部门	
70	北京工业职业技术学院	省级教育部门	
71	首钢工学院	省级其他部门	
72	北京物资学院	省级教育部门	通州区
73	北京工业大学通州分校	县级其他部门	
74	北京财贸职业学院	省级教育部门	
75	北京卫生职业学院	省级其他部门	
76	中央音乐学院	教育部	西城区
77	中国人民公安大学	公安部	
78	外交学院	外交部	
79	北京建筑大学	省级教育部门	
80	北京科技大学延庆分校	县级其他部门	延庆区

（数据来源：北京市教育委员会）

D. 北京市科协所属学会协会名单（截至2022年9月）

序号	名称	序号	名称
	理科类	10	北京运筹学会
1	北京昆虫学会	11	北京声学学会
2	北京生态修复学会	12	北京气象学会
3	北京生态学学会	13	北京数学会
4	北京实验动物学学会	14	北京物理学会
5	北京动物学会	15	北京天文学会
6	北京植物学会	16	北京地球物理学会
7	北京地理学会	17	北京地质学会
8	北京心理学会	18	北京微生物学会
9	北京化学会	19	北京计算数学学会

续表

序号	名称	序号	名称
20	北京微量元素学会	21	北京物联网学会
21	北京生物化学与分子生物学学会	22	北京图象图形学学会
22	北京核学会	23	北京信息化协会
23	北京珠算心算协会	24	北京设计学会
24	北京细胞生物学会	25	北京工程师学会
25	北京光学学会	26	北京能源与环境学会
26	北京力学学会	27	北京表面工程学会
	工科类	28	北京水土保持学会
1	北京软件和信息服务业协会	29	北京工程爆破协会
2	北京通信学会	30	北京交通工程学会
3	北京人类生态工程学会	31	北京公路学会
4	北京自动化学会	32	北京能源学会
5	北京制冷学会	33	北京电工技术学会
6	北京真空学会	34	北京电机工程学会
7	北京照明学会	35	北京理化分析测试技术学会
8	北京粘接学会	36	北京化工学会
9	北京造船工程学会	37	北京人工智能学会
10	北京宇航学会	38	北京工艺美术学会
11	北京烟草学会	39	北京安全技术学会
12	北京消防协会	40	北京环境科学学会
13	北京物联网智能技术应用协会	41	北京热物理与能源工程学会
14	北京土木建筑学会	42	北京电力电子学会
15	北京应急管理学会	43	北京膜学会
16	北京图学学会	44	北京标准化协会
17	北京铁道学会	45	北京粉体技术学会
18	北京水利学会	46	北京仪器仪表学会
19	北京水力发电工程学会	47	北京振动工程学会
20	北京市绿色建筑促进会	48	北京内燃机学会

续表

序号	名称	序号	名称
49	北京计算机学会	15	北京畜牧兽医学会
50	北京乐器学会	16	北京作物学会
51	北京腐蚀与防护学会	17	北京果树学会
52	北京航空航天学会	18	北京植物病理学会
53	北京电子学会		医科类
54	北京日化协会	1	北京营养师协会
55	北京硅酸盐学会	2	北京医药卫生经济研究会
56	北京金属学会	3	北京围手术期医学研究会
57	北京汽车工程学会	4	北京糖尿病防治协会
58	北京石油学会	5	北京神经变性病学会
59	北京纺织工程学会	6	北京乳腺病防治学会
60	北京机械工程学会	7	北京慢性病防治与健康教育研究会
61	北京测绘学会	8	北京健康教育协会
	农科类	9	北京肛肠学会
1	北京农产品质量安全学会	10	北京妇产学会
2	北京市农村专业技术协会	11	北京癌症防治学会
3	北京山区发展研究会	12	北京生物医学统计与数据管理研究会
4	北京园林学会	13	北京生物医学工程学会
5	北京蔬菜学会	14	北京口腔医学会
6	北京食品学会	15	北京超声医学学会
7	北京土壤学会	16	北京老年痴呆防治协会
8	北京农药学会	17	北京医师协会
9	北京农业工程学会	18	北京亚健康防治协会
10	北京屋顶绿化协会	19	北京预防医学会
11	北京食用菌协会	20	北京康复医学会
12	北京农学会	21	北京神经科学学会
13	北京林学会	22	北京抗癌协会
14	北京农业信息化学会	23	北京心理卫生协会

续表

序号	名称	序号	名称
24	北京防痨协会	15	北京科学技术期刊学会
25	北京针灸学会	16	北京科学技术普及创作协会
26	北京中西医结合学会	17	北京数字创意产业协会
27	北京护理学会	18	北京市广播影视协会
28	北京中医药学会	19	北京科学教育馆协会
29	北京解剖学会	20	北京UFO研究会
30	北京生理科学会	21	北京科技人才研究会
31	北京环境诱变剂学会	22	北京科技政策与管理研究会
32	北京药理学会	23	北京科技声像工作者协会
33	北京医学会	24	北京科技教育促进会
34	北京免疫学会	25	北京技术经济和管理现代化研究会
35	北京营养学会	26	北京科技记者编辑协会
36	北京药学会	27	北京环球英才交流促进会
	交叉类	28	北京减灾协会
1	中关村认同应用技术跨界创新联盟	29	北京反邪教协会
2	中关村生态乡村创新服务联盟	30	北京创造学会
3	中关村大数据产业联盟	31	北京传播技术研究会
4	中关村新兴科技服务业产业联盟	32	北京城市管理科技协会
5	中关村公信卫星应用技术产业联盟	33	北京发明协会
6	中关村民营科技企业家协会	34	中关村肿瘤微创治疗产业技术创新战略联盟
7	中关村产业技术联盟联合会	35	中关村赛德科技企业成长互助促进会
8	北京市学习科学学会	36	中关村人才协会
9	北京生产力学会	37	中关村科创高新技术转移促进会
10	北京青少年科技教育协会	38	北京长风信息技术产业联盟
11	北京烹饪协会	39	北京脑血管病产业技术创新战略联盟
12	北京脑血管病产业技术创新战略联盟	40	中国肿瘤微创治疗技术创新战略联盟
13	北京老科学技术工作者总会	41	中关村亚洲杰出企业家成长促进会
14	北京科学文化传播促进会	42	中关村数字内容产业协会

续表

序号	名称	序号	名称
43	中关村社会组织联合会	54	北京继续教育协会
44	北京公益学学会	55	北京项目管理协会
45	北京科学史与科学社会学学会	56	北京循环经济促进会
46	北京听力协会	57	北京幼儿科普协会
47	北京原创设计推广协会	58	北京知识产权研究会
48	北京土地学会	59	北京城市规划学会
49	北京工程管理科学学会	60	北京创造学会
50	北京数字科普协会	61	北京企业技术开发研究会
51	北京民营科技实业家协会	62	北京自然辩证法研究会
52	北京科学技术情报学会	63	北京学会学研究会
53	北京体育科学学会	64	北京系统工程学会

（数据来源：北京市科学技术协会）

附件2 "三城一区"产业发展相关政策统计
（截至2022年9月）

序号	政策名称	实施范围
1	《北京市关于实施"三大工程"进一步支持和服务高新技术企业发展的若干措施》	北京市
2	《关于推动中关村加快建设世界领先科技园区的若干政策措施》	
3	《中关村国家自主创新示范区促进园区高质量发展支持资金管理办法（试行）》	
4	《中关村国家自主创新示范区优化创新创业生态环境支持资金管理办法（试行）》	
5	《中关村国家自主创新示范区促进科技金融深度融合发展支持资金管理办法（试行）》	
6	《中关村国家自主创新示范区提升企业创新能力支持资金管理办法（试行）》	
7	《中关村国家自主创新示范区提升国际化发展水平支持资金管理办法（试行）》	
8	《北京市关于支持外资研发中心设立和发展的规定》	
9	《关于加快建设高质量创业投资集聚区的若干措施》	
10	《北京市"十四五"时期国际科技创新中心建设规划》	
11	《财政部税务总局科技部知识产权局关于中关村国家自主创新示范区特定区域技术转让企业所得税试点政策的通知》	
12	《财政部税务总局发展改革委证监会关于中关村国家自主创新示范区公司型创业投资企业有关企业所得税试点政策的通知》	
13	《北京市区块链创新发展行动计划（2020—2022年）》	
14	《北京市优化营商环境条例》	
15	《关于应对新型冠状病毒感染的肺炎疫情影响促进中小微企业持续健康发展的若干措施》	

续表

序号	政策名称	实施范围
16	《关于进一步支持打好新型冠状病毒感染的肺炎疫情防控阻击战若干措施》	北京市
17	《北京市促进科技成果转化条例》	
18	《关于新时代深化科技体制改革加快推进全国科技创新中心建设的若干政策措施》	
19	《北京市技术先进型服务企业认定管理办法（2019年修订）》	
20	《北京市工程技术系列（技术经纪）专业技术资格评价试行办法》	
21	《强化创新驱动科技支撑北京乡村振兴行动方案（2018—2020年）》	
22	《北京市关于解决重大科研基础设施和大型科研仪器向社会开放若干关键问题的实施细则（试行）》	
23	《北京市积分落户操作管理细则（试行）》	
24	《北京市推广应用新能源汽车管理办法》	
25	《北京市人民政府关于加快科技创新构建高精尖经济结构用地政策的意见（试行）》	
26	《北京市支持中小企业发展资金管理暂行办法》	
27	《北京市高精尖产业发展资金管理暂行办法》	
28	《北京市自然科学基金资助项目经费管理办法》	
29	《关于进一步加强电动汽车充电基础设施建设和管理的实施意见》	
30	《关于推进北京市种业人才发展和科研成果权益改革工作的若干意见》	
31	《北京市推广应用新能源商用车管理办法》	
32	《加快全国科技创新中心建设促进重大创新成果转化落地项目管理暂行办法》	
33	《北京市中小企业公共服务示范平台管理办法》	
34	《北京市小型微型企业创业创新示范基地管理办法》	
35	《科技类民办非企业单位免税进口科学研究科技开发和教学用品管理办法》	
36	《北京市科技新星计划管理办法》	
37	《首都科技领军人才培养工程实施管理办法》	
38	《关于调整北京市示范应用新能源小客车相关政策的通知》	

续表

序号	政策名称	实施范围
39	《关于深入推进科技特派员工作的实施意见》	
40	《北京市重大科研基础设施和大型科研仪器向社会开放评价考核实施细则（试行）》	
41	《"十四五"时期中关村国家自主创新示范区发展建设规划》	
42	《关于建立实施中关村知识产权质押融资成本分担和风险补偿机制的若干措施》	
43	《关于进一步加强中关村海外人才创业园建设的意见》	
44	《关于推动中关村首创产品市场应用的若干措施》	
45	《中关村国家自主创新示范区中关村前沿技术创新中心建设管理办法》	
46	《中关村国家自主创新示范区关于推进特色产业园建设提升分园产业服务能力的指导意见》	
47	《关于强化高价值专利运营促进科技成果转化的若干措施》	
48	《中关村国家自主创新示范区数字经济引领发展行动计划（2020—2022年）》	北京市
49	《中关村科技园区管理委员会出资人监管权力和责任清单（试行）》	
50	《关于支持科技"战疫"、促进企业持续健康发展有关工作的通知》	
51	《关于支持高等学校科技人员和学生科技创业专项资金管理办法（试行）》	
52	《关于推动中关村国家自主创新示范区一区多园统筹协同发展的指导意见》	
53	《关于进一步促进中关村知识产权质押融资发展的若干措施》	
54	《中关村国家自主创新示范区高精尖产业协同创新平台建设管理办法（试行）》	
55	《关于促进中关村顺义园第三代半导体等前沿半导体产业创新发展的若干措施》	
56	《关于促进中关村国家自主创新示范区药品医疗器械产业创新发展的若干措施》	
57	《中关村科技服务平台建设管理办法（试行）》	
58	《中关村创业孵化机构分类评价办法（试行）》	
59	《中关村国家自主创新示范区一区多园协同发展支持资金管理办法实施细则（试行）》	

续表

序号	政策名称	实施范围
60	《中关村国家自主创新示范区一区多园协同发展支持资金管理办法》	北京市
61	《中关村国家自主创新示范区优化创业服务促进人才发展支持资金管理办法实施细则（试行）》	
62	《中关村国家自主创新示范区提升创新能力优化创新环境支持资金管理办法》	
63	《中关村国家自主创新示范区优化创业服务促进人才发展支持资金管理办法实施细则（试行）》	
64	《中关村国家自主创新示范区优化创业服务促进人才发展支持资金管理办法》	
65	《〈关于精准支持中关村国家自主创新示范区重大前沿项目与创新平台建设的若干措施〉实施办法（试行）》	
66	《关于精准支持中关村国家自主创新示范区重大前沿项目与创新平台建设的若干措施》	
67	《中关村国家自主创新示范区促进科技金融深度融合创新发展支持资金管理办法实施细则（试行）》	
68	《中关村国家自主创新示范区促进科技金融深度融合创新发展支持资金管理办法》	
69	《关于推动中关村科技军民融合特色园建设的意见》	
70	《中关村高新技术企业库管理办法（试行）》	
71	《关于进一步支持中关村国家自主创新示范区科技型企业融资发展的若干措施》	
72	《中关村国家自主创新示范区关于支持颠覆性技术创新的指导意见》	
73	《中关村国家自主创新示范区标准化试点示范单位动态调整办法》	
74	《关于促进中关村国家自主创新示范区现代园艺产业创新发展的若干措施》	
75	《促进中国科学院科技成果在京转移转化的若干措施》	
76	《中关村科技园区管理委员会出资企业国有资产产权登记管理暂行办法》	
77	《北京市怀柔区知识产权保护发展资金管理办法》	怀柔科学城
78	《怀柔区〈关于继续加大中小微企业帮扶力度加快困难企业恢复发展的若干措施〉的落实指引》	
79	《怀柔科学城促进产业聚集专项政策（试行）》	

续表

序号	政策名称	实施范围
80	《怀柔区进一步促进无障碍环境建设2019—2021年实施方案》	怀柔科学城
81	《怀柔区2019—2020年节能降耗工作方案》	
82	《"十四五"时期怀柔区打造国际高端会议和商务聚集区行动计划》	
83	《"十四五"时期怀柔区国际化公共服务设施建设行动计划》	
84	《怀柔区"国家知识产权试点城区"建设工作方案及重点任务分解的通知》	
85	《关于精准支持怀柔科学城科学仪器和传感器产业创新发展的若干措施》	
86	《昌平区"十四五"时期昌平区商业发展规划》	未来科学城
87	《昌平区"十四五"时期能源可持续发展规划》	
88	《昌平区"十四五"先进智造业发展规划》	
89	《昌平区加快建设国际消费中心城市融合消费创新示范区若干促进措施》	
90	《昌平区招商引资中介服务机构奖励办法（试行）》	
91	《昌平区拆除腾退地块复绿管理办法》	
92	《昌平区2021年进一步优化营商环境实施方案》	
93	《中国（北京）自贸试验区科技创新片区昌平组团支持医药健康产业发展暂行办法》	
94	《昌平区对减免中小微企业房屋租金的支持措施》	
95	《昌平区中医药事业发展规划（2018—2025年）》	
96	《昌平区推进政务服务"一网通办"工作方案》	
97	《昌平区开展国家慢性病综合防控示范区建设工作实施方案》	
98	《昌平区科技产业投资基金管理办法（试行）》	
99	《昌平区小微企业创业创新基地城市示范专项资金管理办法》	
100	《昌平区支持"昌聚工程"高层次科技人才暂行办法》	
101	《昌平区促进氢能产业创新发展"十六条"措施》	
102	《支持企业上市挂牌工作办法（试行）》	
103	《中国（北京）自贸试验区科技创新片区昌平组团支持医药健康产业发展暂行办法》	
104	昌平区《北京市工作居住证》办理指南	

续表

序号	政策名称	实施范围
105	《昌平区支持制造业绿色化智能化技术改造项目资金管理办法》	未来科学城
106	《昌平区中小微企业首次贷款贴息方案》	
107	《昌平区优化住房支持政策服务保障人才发展实施办法（试行）》	
108	《关于支持美丽健康产业高质量发展的若干措施》	
109	《昌平区办理外国人来华邀请函工作指南》	
110	《亦庄新城工业用地先租后让实施办法》	北京经济技术开发区
111	《北京经济技术开发区关于发展装配式建筑的实施意见》	
112	《北京经济技术开发区装配式建筑项目财政奖励资金管理暂行办法》	
113	《北京经济技术开发区依申请政务服务事项告知承诺审批管理办法》	
114	《北京经济技术开发区关于贯彻新发展理念加快亦庄新城高质量发展的若干措施（4.0版）》	
115	《北京经济技术开发区关于加快推进国际科技创新中心建设打造高精尖产业主阵地的若干意见》	
116	《北京经济技术开发区支持星箭网络产业发展的实施办法（试行）》	
117	《北京经济技术开发区推进公共阅读空间发展的暂行管理办法》	
118	《北京经济技术开发区促进实体书店发展的暂行管理办法》	
119	《关于在北京经济技术开发区以告知承诺制试点开展施工许可审批的实施方案》	
120	《北京经济技术开发区关于深化"证照分离"改革进一步激发市场主体发展活力的实施方案》	
121	《新入区人才创办企业补贴实施细则》	
122	《北京经济技术开发区2021年度绿色发展资金支持政策》	
123	《北京经济技术开发区青年人才培养资助实施细则》	
124	《亦庄新城产业用地规划建设指标使用管理办法（试行）》	
125	《北京经济技术开发区招用征地拆迁农村劳动力就业补贴办法》	
126	《北京市工作居住证（国内外埠人才）》新办指标需求申报实施细则（试行）	
127	《关于贯彻新发展理念加快亦庄新城高质量发展的若干措施（3.0版）》	
128	《中国（北京）自由贸易试验区高端产业片区亦庄组团首批产业政策》	

附件2 "三城一区"产业发展相关政策统计（截至2022年9月）

续表

序号	政策名称	实施范围
129	《中国（北京）自由贸易试验区高端产业片区亦庄组团（国家服务业扩大开放综合示范区经开区区域）工作方案》	北京经济技术开发区
130	《北京经济技术开发区校企合作管理办法（试行）》	
131	《北京经济技术开发区促进职业能力提升补贴管理办法》	
132	《北京经济技术开发区游戏产业政策》	
133	《北京经济技术开发区视听产业政策》	
134	《北京经济技术开发区产业用地标准化管理暂行办法（试行）》	
135	《北京经济技术开发区关于应对新冠肺炎疫情影响推动文化旅游行业健康发展的若干措施》	
136	《北京经济技术开发区打造职业技能提升试点区建设方案（2019—2021年）》	
137	《北京经济技术开发区支持高精尖产业人才创新创业实施办法（试行）》	
138	《北京经济技术开发区关于加快四大主导产业发展的实施意见》	
139	《北京经济技术开发区关于进一步鼓励减免中小微企业房租的若干措施》	
140	《北京经济技术开发区打造大中小企业融通型特色载体推动中小企业创新创业升级专项资金实施细则》	
141	《北京经济技术开发区打造大中小企业融通型特色载体推动中小企业创新创业升级专项资金管理办法》	
142	《北京经济技术开发区博士后工作管理办法》	
143	《北京经济技术开发区关于进一步统筹疫情防控和经济社会发展支持企业共克时艰的若干措施（2.0版）》	
144	《北京市人民政府关于加快推进北京经济技术开发区和亦庄新城高质量发展的实施意见》	
145	《北京经济技术开发区关于城市更新产业升级的若干措施（试行）》	
146	《北京经济技术开发区管理委员会关于鼓励减免中小微企业房租的若干措施》	
147	《亦庄新城工业用地先租后让实施方案（试行）》	

附件3 2021年中关村科技园区主要经济指标

园区	企业总数/家	期末从业人员/人	工业总产值/亿元	总收入/亿元	技术收入/亿元	产品销售收入/亿元	进出口总额/亿元	出口总额/亿元	实缴税费总额/亿元	利润总额/亿元	资产总计/亿元	研究开发人员/人	研究开发经费合计/亿元
合计	24055	2849075	15369.1	84402.3	20419.4	23524.5	9520.9	3893.8	3169.8	7725.3	170177.3	978381	4600.2
海淀园	10769	1238031	3181.6	35197.0	11901.3	6583.3	3255.1	1428.0	930.0	2119.9	55835.4	523380	2392.9
丰台园	1857	195349	291.1	7310.2	712.2	1139.0	392.0	135.6	162.5	497.6	18500.1	50670	210.3
昌平园	2461	172059	1090.1	5382.7	529.8	1565.6	513.1	132.0	203.3	303.4	8568.8	58632	257.8
朝阳园	2191	322924	494.3	9429.5	3048.3	1398.7	2082.9	210.3	631.0	531.2	18641.0	109009	508.1
亦庄园	1152	193394	4767.1	9034.2	615.9	4691.5	1725.8	878.3	556.1	1401.6	12675.4	54297	326.5
西城园	968	141362	1340.7	3834.1	675.3	1716.1	306.1	128.3	121.0	685.0	25480.4	41830	206.2
东城园	447	92852	8.7	3005.9	1020.9	932.1	70.7	52.6	78.8	264.8	7904.7	21500	106.8
石景山园	843	105935	112.8	3644.7	945.7	408.0	35.2	22.9	134.9	455.0	9702.1	34533	215.8
通州园	466	50611	289.6	1114.5	340.0	603.5	30.6	18.1	39.1	74.8	1795.4	12468	60.9
大兴园	499	48297	1774.4	1942.5	70.3	1672.5	629.9	613.8	145.5	1157.3	1901.8	11523	85.5
平谷园	180	19556	76.2	212.8	38.6	102.4	4.1	2.2	9.1	9.7	326.5	3721	10.4

附件3　2021年中关村科技园区主要经济指标

续表

园区	企业总数/家	期末从业人员/人	工业总产值/亿元	总收入/亿元	技术收入/亿元	产品销售收入/亿元	进出口总额/亿元	出口总额/亿元	实缴税费总额/亿元	利润总额/亿元	资产总计/亿元	研究开发人员/人	研究开发经费合计/亿元
门头沟园	280	18074	46.4	477.9	63.3	131.3	297.2	149.8	8.6	-0.1	616.3	4764	15.1
房山园	518	82158	275.1	614.5	86.5	397.9	15.7	10.1	26.3	28.9	1001.6	9982	30.4
顺义园	731	100318	883.0	1911.0	242.1	1267.3	103.3	63.2	77.4	140.2	5236.8	26352	116.4
密云园	220	29207	167.8	425.9	51.4	194.9	23.9	17.0	14.5	9.3	827.4	6035	21.0
怀柔园	233	28489	451.1	642.7	24.1	573.5	27.1	23.5	25.3	30.8	796.0	7037	28.4
延庆园	240	10459	119.1	222.3	53.7	147.0	8.2	8.0	6.2	16.2	367.7	2648	7.7